草原红牛
及其遗传标记研究

李向阳 著

中国农业科学技术出版社

图书在版编目（CIP）数据

草原红牛及其遗传标记研究 / 李向阳著. —北京：
中国农业科学技术出版社，2015.12
ISBN978-7-5116-2217-4

Ⅰ．①草…Ⅱ．①李…Ⅲ．①草原—肉牛—遗传标记—研究—中国
Ⅳ．① S823.92

中国版本图书馆 CIP 数据核字（2015）第 180280 号

责任编辑　李　雪　徐定娜
责任校对　马广洋

出　　版　中国农业科学技术出版社
　　　　　北京市中关村南大街 12 号　　邮编：100081
电　　话　（010）82109707　82105169（编辑室）
　　　　　（010）82109702（发行部）　（010）82109709（读者服务部）
传　　真　（010）82106650
网　　址　http://www.castp.cn
经　　销　各地新华书店
印　　刷　北京富泰印刷有限责任公司
开　　本　710mm×1 000mm　1/16
印　　张　8.25
字　　数　130 千字
版　　次　2015 年 12 月第 1 版　2015 年 12 月第 1 次印刷
定　　价　32.00 元

项目简介

本书由以下项目资助：

国家自然科学基金项目：内蒙古东部区布鲁氏菌流行病学调查及分子标记疫苗研究（项目批准号：31260608）；内蒙古自治区高等学校科学技术研究重点项目：布鲁氏菌16MSUCB基因缺失株构建及免疫效果的研究（项目编号：NJZZ12117）；内蒙古通辽市校科技合作项目：家畜布鲁氏菌病流行病学调查及防控技术的研究（项目编号：SXZD2012131）。内蒙古自治区自然科学基金项目（2015MS0339）。

前　言

　　我国地方畜禽品种资源丰富，且各具特色，在适应性、繁殖力、肉质等方面具有独特优点。在当今世界各国畜禽品种单一、资源匮乏的形势下，妥善保存、合理利用和开发我国珍贵的地方畜禽资源基因库具有极为重要和现实意义。

　　畜禽群体的亲缘系统分类是确定品种范围、估计特殊基因资源在特定群体中潜在分布的可能性，判断不同群体中相似性状由相同等位基因（或基因群）控制的可能性，分析群体的遗传适应特点、预测杂交优势，制定品种战略的基本依据之一。现代遗传学认为，杂交亲本间遗传差异越大、血缘关系越远、品系纯度越高的个体间杂交，其后代杂交优势越明显。在选择性育种时，如何选择亲本进行杂交，同时提高杂交的预见性和降低成本就成了一个至关重要的研究课题。遗传标记是动物育种中的一个重要辅助手段，尤其是DNA标记不仅多态性丰富，且遗传稳定，不受组织、生理发育阶段及环境的影响，因此越来越受到育种学家的高度重视。根据微卫星DNA标记及与性状关系进行牛遗传改良可望识别出优良遗传价值的种畜，获得较大的遗传进展。

　　遗传标记是基因型的特殊的易于识别的表现形式，是生物分类学、育种学、遗传学和物种起源与进化等研究的主要技术指标之一。

　　随着遗传学的发展，遗传标记的种类和数量也在不断增加，主要分为5种类型，即形态和生理遗传标记、染色体多态性标记、血型多态性标记、蛋白多态性标记和DNA分子遗传标记。前4种标记都是以基因表达的结果（表现型）为基础，是对基因的间接反映；而DNA分子标记则是DNA水平遗传变异的直接反映。与表型标记相比，DNA分子标记具有能对各发育时期的个体、各个组织、器官甚至细胞作检测，既不受环境的影响，也不受基因表达与否的限制；数量丰富；遗传稳定；对生物体的影响表现"中性"以及操作简便等特点。

Weising 和 Nybom 等（1995）指出，令人满意的理想分子标记必须达到以下几个要求：①具有高的多态性；②共显性遗传，即利用分子标记可鉴别二倍体中杂合和纯合基因型；③能明确辨别等位基因；④在基因组中频繁出现，甚至贯穿整个基因组；⑤除特殊位点的标记外，要求分子标记均匀分布于整个基因组；⑥选择中性（即无基因多效性）；⑦检测手段简单、快速（如实验程序自动化）；⑧开发成本和使用成本尽量低廉；⑨在实验室内和实验室间重复性好（便于数据交换）；⑩容易获得探针或引物已是商品或自己构建和合成比较容易。大多数分子标记为中性标记，不会引起目标性状的表型效应。

DNA 指纹图谱除具有个体特异性外，也有物种特异性，它不仅可用于区分不同物种，也有区分同一物种不同品系的潜力。尤其是在分子遗传学与数量性状 QTL 主基因的识别和定位上，能够进行辅助选择，使育种值更接近于遗传值本身，这将加速动物的遗传改良进程，提高畜牧业的生产效益，更好地为人类服务。

草原红牛是新中国成立后培育的第一个乳肉兼用型品种，育种开始于 20 世纪 50 年代，系采用英国短角牛与当地蒙古牛级进杂交、横交固定和自繁提高等 3 个阶段培育而成，1985 年经国家育种委员会鉴定而正式命名。草原红牛具有生长发育快、生产性能高、适应北方寒冷地区气候条件、耐粗饲、抗逆性强、遗传力稳定、肉质鲜嫩、风味独特，且泌乳性能强等优良特性。草原红牛是增强牛肉及相关产品的国际竞争力，发展我国特色肉牛产业的品牌优势所在。

通过对草原红牛育种历史父母代的短角牛、蒙古牛，以及对草原红牛杂交育种使用的短角牛、利木赞牛的品种和特性研究，为草原红牛进一步的导入外血，提高生产力等方面进行了有益的探索。

对草原红牛、蒙古牛、夏洛来牛、利木赞牛、西门塔尔牛等 5 个品种牛微卫星 DNA 多态性分析研究，计算 5 个品种牛群体内的平均多态信息含量、平均杂合度和群体间的遗传距离，构建其亲缘关系聚类图，确定它们之间的亲缘关系，从分子水平上分析其遗传背景与结构，为肉用草原红牛新品系育种工作提供理论依据。在此基础上，以体重、体尺作为衡量牛生长发育指标，以肉牛线性体型评分方法中肌肉度线性评分性状和屠宰肉用性状作为衡量牛肉用性能的指标，运用 SPSS 软件中 GLM 分析性状与微卫星标记的关系。旨在为草原红牛品种资源综合开发和利用提供理论依据。

通过对草原红牛种质特性的研究，为加快草原红牛育种进程，保护珍贵地方品种提供坚实的理论基础和有效方法。摸索适用于动物基因组的操作简捷、快速以及可靠性强、重复性好、费用低廉的分子标记方法。

应用微卫星标记技术对草原红牛、蒙古牛、夏洛来牛、利木赞牛、西门塔尔牛等 5 个品种总计 66 个个体的遗传结构与遗传变异进行了研究。结果表明，所采用的 8 对微卫星位点均可获得清晰的扩增产物，产生多态性较丰富的片段，不同位点所扩增出的条带数目、片段大小不同，同一条位点在不同品种之间也有较大差异。5 个品种牛中，草原红牛与西门塔尔牛之间遗传距离最大，为 0.418 4；草原红牛与蒙古牛之间遗传距离最小，为 0.278 6。微卫星位点 IDVGA2、IDVGA46、TGLA44、BM1824、ETH225、BM2113、IDVGA44、IDVGA55 平均 PIC/H 分别为 0.683 1/0.733 7、0.596 3/0.660 2、0.646 2/0.700 1、0.558 1/0.630 2、0.552 9/0.615 8、0.371 1/0.417 4、0.683 1/0.728 4、0.543 1/0.615 3，以 IDVGA2 的 PIC 和 H 均最高，是比较理想的微卫星引物。草原红牛、蒙古牛、夏洛来牛、利木赞牛、西门塔尔牛的均值 PIC/H 分别为 0.658 23/0.695 3、0.616 45/0.66 70、0.567 08/0.638 2、0.528 25/0.602 0、0.528 16/0.585 8，草原红牛的均值 PIC 和 H 都是最高的，说明草原红牛的遗传潜力巨大。引物 BM1824 在蒙古牛 215bp 和引物 IDVGA46 在草原红牛 249bp 各扩增出一条特异带。

以生长发育、肌肉度线性评分和屠宰肉用性状作为衡量肉用性能的指标，运用 SPSS 软件中 GLM 分析了 42 头牛 21 个性状与 3 个微卫星关系。结果发现，IDVGA46 等位基因 D（211bp）对肩部、腰厚、大腿肌有负相关，等位基因 B（205bp）对腰厚方面有正相关，草原红牛特异带等位基因 F（249bp）对胸深、坐骨端高等生长性状有正相关；BM1824 等位基因 C（211bp）对腿围性状、净肉率和净肉重性状均有正相关；IDVGA2 等位基因 C（209bp）对牛的肉用性能有负相关，研究结果为开展草原红牛标记辅助选择提供了依据。

目　录

第一章 牛品种历史

第一节 牛总论

牛科动物起源于中新世（开始于 2 300 万年前至 533 万年前），是由原古鹿类分化的一支混杂而进步的支系，在上新世和更新世，向着很多复杂的适应辐射方向发展，欧亚大陆是它们早期发展的区域，以我国为中心的亚洲中部和东部地区是早期偶蹄类辐射的中心地区，很多牛科动物的化石在我国的上新世和更新世的地层中被发现，包括原始牛、水牛、野牛、羚羊和转角羚羊等。

在中新世时期的北美洲出现了叉角羊，是牛类分化出来的一支，体形似鹿，它们既有扁平而弯曲且不脱落的角，又有鹿角似的分叉结构，至今大部分种类已经绝灭，仍然生活在北美洲大陆的叉角羚则是叉角羊分化中残存的种类，被看作是介于鹿类与牛和羊类之间的一个类型。

在牛科动物中，一般将牛属、水牛属、倭水牛属、非洲野牛属和野牛属的动物通称为牛类，共有大约 16 种。牛类是哺乳动物中最后出现的一个类群，很可能起源于原始的羚羊类，随着进化过程，体形演变为高大而健壮，四肢粗壮，达到顶点的便是非洲野牛属和野牛属。牛类的共同特点是雄兽和雌兽头上都有表面光滑的角，并且紧靠着枕骨的两侧长出，角的基部远远地分开，吻边没有毛，尾巴较长，末端有簇毛串，眼睛前面和趾间没有臭腺，雌兽有 4 个乳头。

牛属中共有 8 种，其中包括家牛和它的祖先原牛和瘤牛。牛（Bovini）是牛族，为牛亚科下的一个族。染色体数 56 的野牛和 60 对黄牛，58 染色体的大额牛，杂交有可育后代，为哺乳动物，容易发生罗伯逊易位（丝粒融合）改变染色体数降低生育率，草食性，部分种类为家畜（包含家牛、黄牛、水牛和牦牛等）。体型粗壮，部分公牛头部长有一对角。

牛的分类如下。

中文学名：牛

英文学名：公牛 bull　母牛 cow　小牛 calf　牛 ox　奶牛 milkcow

界——动物界

　门——脊索动物门；亚门——脊椎动物亚门

　　纲——哺乳纲；亚纲——真兽亚纲

　　　目——偶蹄目（Artiodactyla）；亚目——反刍亚目

　　　　科——牛科；亚　科——牛亚科

　　　　　族——牛族；属——牛属（Bos），水牛属（Bubalus）

　　　　　　亚　属——牛亚属；种——黄牛，水牛，瘤牛

分布区域——世界各地

一、物种来源

（一）起源与驯化

根据出土的牛颅骨化石和古代遗留的壁画等资料，可以证明普通牛起源于原牛（Bosprimie-nius），在新石器时代开始驯化。原牛的遗骸在西亚、北非和欧洲大陆都有发现。

多数学者认为，普通牛最初驯化的地点在中亚，以后扩展到欧洲、中国和亚洲。亚洲是野牛原种的栖息地，迄今仍有许多在原地生活于野生状态中，而在欧洲和北美则除动物园和保护区尚存少数外，野牛已绝迹。中国黄牛的祖先原牛的化石材料也在南北许多地方发现，如大同博物馆陈列的原牛头骨，经鉴定距今已有 7 万年。安徽省博物馆保存的长约 1 m 的骨心，是在淮北地区更新世晚期地层中发掘到的。此外，在东北的榆树县也发掘到原牛的化石和万年前牛的野生种遗骨。

驯化了的普通牛，在外形、生物学特性和生产性能等方面都发生了很大变化。野牛体躯高大（体高 1.8～2.1 m）、性野，毛色单一、多为黑色或白色，乳房小、产乳量低、仅够牛犊食用。经驯化后的牛体型比野牛小（体高在

1.7 m 以下），性情温驯，毛色多样，乳房变大，产乳量和其他经济性能都大大提高。明陈继儒《大司马节寰袁公（袁可立）家庙记》："冠归农，剑买牛。繙图史，凿田畴，睢阳世世如金瓯。"

（二）其他起源

关于其他牛种的起源问题，凯勒（1909）曾认为印度瘤牛系由爪哇野牛驯化而来，但据近代对颅骨类型和角型的研究，以及对瘤牛与普通牛杂交能产生后代并育成新品种的分析，证明瘤牛也起源于原牛，其在南亚驯化的时间大致与普通牛相同或稍迟。

中国古书记载的"牛"，即现代的瘤牛中国水牛的毛色、颅骨和角形等特征（图 1-1）。

图 1-1　中国水牛

同印度野水牛极相似，以前学者都认为中国水牛起源于印度的野生平角水牛——亚尼水牛（Bubalusarne）。但对华北、东北、内蒙古自治区（以下简称内蒙古）以及四川等地更新世不同时期地层中发掘出的不下 7 个水牛种的化石研究，可证明其中至少有 1 ～ 2 种后来进化而成为现代的家水牛。

中国水牛起源于南方。这可能是由于更新世晚期亚洲北部受冰川侵袭，使原属热带性气候的黄河流域以北广大地区变得高寒，以致古代水牛等动物被迫向南方迁移的结果。中国牦牛系由野牦牛驯化而来。至今青海省的海北、海南高寒地区和藏北高原海拔 4 000 ～ 5 000 m 高山峻岭，以及蒙古和俄罗斯的西伯利亚东北部仍有野牦牛分布。

二、生物学特性

依不同牛种（属）而异。其共同点为牙齿 32 枚，其中有门齿 8 枚，上下臼齿 24 枚，无犬齿。上颚无门齿，只有齿垫。胃分瘤胃、网胃、瓣胃和皱胃等 4 室，以瘤胃最大，反刍。蹄分两半。鼻颈光滑湿润，如出现干燥，即为患病的征兆。单胎，双胎率一般仅占 1% ～ 2.3%。除高寒地区的牦牛因终年放牧，受气候影响，属季节性发情外，舍饲的牛一般均为常年多次发情，四季均可。发情周期基本都相似，平均 21 d 左右。

三、分　布

依次为巴西：13 302 万头（其中水牛 72 万头）；美国：11 404 万头；中国：7 808 万头（其中水牛 1 900 万头，牦牛约 1 300 万头）。印度养牛头数虽多，但由于宗教习俗等原因，生产性能较低。

四、分　类

（一）常见种类

普通牛（Bostaurus）：分布较广，数量极多，与人类生活关系极为密切。

牦牛（B.run-niens）：毛长过膝，耐寒耐苦，适应高原地区氧气稀薄的生态条件，是中国青藏高原的特有畜种，所产奶、肉、皮、毛，是当地牧民的重要生活资源。

野牛（Bison）：如美洲野牛（B.bison）、欧洲野牛（B.bonasus）等。可与牛属中的普通牛种杂交，产生杂交优势和为培育新品种提供有用基因。

水牛（Bubalusbubalus）：是水稻地区的主要役畜，在印度则兼作乳用。

黄牛（Bostaurusdomestica）：角短，皮毛多为黄褐色或黑色，毛短。多用来耕地或拉车，肉供食用，皮可以制革，是重要役畜之一。

（二）品种发展

驯化的牛，最初以役用为主。以后，特别是 18 世纪以后，随着农业机械化的发展和消费需要的变化，除少数发展中国家的黄牛仍以役用为主外，普通牛经过不断的选育和杂交改良，均已向专门化方向发展。如英国育成了许多肉用牛和肉、乳兼用品种；欧洲大陆国家则是大多数奶牛品种的主要产地。英国的兼用型短角牛传入美国后向乳用方向选育，又育成了体型有所改变的乳用短角牛。

现代牛的生产类型可分以下 4 种：

乳用品种：主要包括荷斯坦牛、爱尔夏牛、娟姗牛、更赛牛等。

肉用品种：主要包括海福特牛短角牛、阿伯丁－安格斯牛、夏洛来牛、利穆赞牛、皮埃蒙特牛、契安尼娜牛、林肯红牛、无角红牛、格罗维牛、德房牛、墨利灰牛，以及近代用瘤牛与普通牛杂交育成的一些品种，如婆罗门牛、婆罗福特牛、婆罗格斯牛、圣赫特鲁迪斯牛、肉牛王、帮斯玛拉牛和比法罗牛等。

兼用品种：主要包括兼用型短角牛、西门塔尔牛、瑞士褐牛、丹麦红牛、安格勒牛、辛地红牛、沙希华牛和中国的，以及用兼用型短角牛和瑞士褐牛分别改良蒙古牛和新疆伊犁牛而育成的草原红牛和新疆褐牛等。

役用品种：主要有中国的黄牛和水牛等。有的黄牛也可役肉兼用，如中国的南阳牛，秦川牛和鲁西牛等。20 世纪 70 年代前水牛在中国一些地方也乳役兼用。

此外，有些国家还培育成一种强悍善斗的斗牛，主要供比赛用。除西班牙广泛饲养外，其他一些国家如墨西哥、秘鲁、葡萄牙等也有饲养。关于中国的黄牛品种其中南阳牛、晋南牛、延边牛、秦川牛、鲁西黄牛、是我国五大名贵牛种。

1. 西门塔尔牛

（1）原产地及分布。西门塔尔牛原产于瑞士西部的阿尔卑斯山区，主要产地为西门塔尔平原和萨能平原。在法、德、奥等国边邻地区也有分布。西门塔尔牛占瑞士全国牛只的 50%、奥地利占 63%、前西德占 39%，现已分布到很多国家，成为世界上分布最广，数量最多的乳、肉、役兼用品种之一。

（2）外貌特征（图1-2）。该牛毛色为黄白花或淡红白花，头、胸、腹下、四肢及尾帚多为白色，皮肤为粉红色，头较长，面宽；角较细而向外上方弯曲，尖端稍向上。颈长中等；体躯长，呈圆筒状，肌肉丰满；前躯较后躯发育好，胸深，尻宽平，四肢结实，大腿肌肉发达；乳房发育好，成年公牛体重平均为800～1 200 kg，母牛650～800 kg。

图1-2　西门塔尔牛

（3）生产性能。西门塔尔牛乳、肉用性能均较好，平均年产奶量为4 070 kg，乳脂率3.9%。在欧洲良种登记牛中，年产奶4 540 kg者约占20%。该牛生长速度较快，均日增重可达1.0 kg以上，生长速度与其他大型肉用品种相近。胴体肉多，脂肪少而分布均匀，公牛育肥后屠宰率可达65%左右。

成年母牛难产率低，适应性强。总之，该牛是兼具奶牛和肉牛特点的典型品种。

（4）西门塔尔牛与我国黄牛杂交的效果。我国自20世纪初就开始引入西门塔尔牛，到1981年我国已有该纯种牛3 000余头，杂交种50余万头。西门塔尔牛改良各地的黄牛，都取得了比较理想的效果。实验证明，西杂一代牛的初生重为33 kg，本地牛仅为23 kg；平均日增重，杂种牛6月龄为608.09 g，18月龄为519.9 g，本地牛相应为368.85 g和343.24 g；6月龄和18月龄体重，杂种牛分别为144.28 kg和317.38 kg，而本地牛相应为90.13 kg和210.75 kg。

在产奶性能上，从全国商品牛基地县的统计资料来看，207 d的泌乳量，西杂一代为 1 818 kg，西杂二代为 2 121.5 kg，西杂三代为 2 230.5 kg。

2. 利木赞牛

（1）原产地及分布。利木赞牛原产于法国中部的利木赞高原，并因此得名。在法国，其主要分布在中部和南部的广大地区，数量仅次于夏洛来牛，育成后于 20 世纪 70 年代初输入欧美各国，世界上许多国家都有该牛分布，属于专门化的大型肉牛品种。

（2）外貌特征。利木赞牛毛色为红色或黄色，口、鼻、眼田周围、四肢内侧及尾帚毛色较浅，角为白色，蹄为红褐色。头较短小，额宽，胸部宽深，体躯较长，后躯肌肉丰满，四肢粗短。平均成年体重：公牛 1 100 kg、母牛 600 kg；在法国较好饲养条件下，公牛活重可达 1 200 ～ 1 500 kg，母牛达 600 ～ 800 kg。

（3）生产性能。利木赞牛产肉性能高，屙体质量好，眼肌面积大，前后肢肌肉丰满，出肉率高，在肉牛市场上很有竞争力。集约饲养条件下，犊牛断奶后生长很快，10 月龄体重即达 450 kg，周岁时体重可达 500 kg 左右，哺乳期平均日增重为 0.86 ～ 1.0 kg；因该牛在幼龄期，8 月龄小牛就可生产出具有大理石纹的牛肉。因此，是法国等一些欧洲国家生产牛肉的主要品种。

（4）利木赞牛与我国黄牛杂交效果。1974 年和 1993 年，我国数次从法国引入利木赞牛，在河南、山东、内蒙古等地改良当地黄牛。利杂牛体型改善，肉用特征明显，生长强度增大，杂种优势明显。至今河南南阳、山东、黑龙江、安徽为主要供种区，全国供种不足，现有改良牛 45 万头。

3. 南阳黄牛

（1）原产地及分布。南阳牛是中国著名的大型役用黄牛品种，原产于河南省南阳地区，其中心产地在河南省的白河和唐河流域广大平原地区。南阳牛主要分布于南阳市郊、唐河、邓州、社旗、新野、方城和驻马店地区的泌阳等地。

（2）外貌特征。南阳牛体型高大，皮薄毛细，肌肉发达，肩峰较高，肩部宽厚，胸骨突出，背腰平直，肢势正直，蹄形圆大，行动敏捷。公牛头部方正雄壮，颈粗短多皱纹，前躯发达，鬐甲较高，肩峰隆起 8 ～ 9 cm，肩部斜长。

母牛头部清秀，较窄长，嘴大平齐，颈薄呈水平状，长短适中，肩峰不明显，前胸较窄，胸骨突出，后躯发育良好。存有尾部短尖、尾根高、乳房发育较差等缺点。按角色可分为青角、黑角、白角和黄蜡角。毛色多为黄、米黄、草白，而以黄色为多数。鼻镜多为肉色和淡米红色，蹄壳有黄蜡色、琥珀色、黑色和褐色四种。

（3）生产性能。南阳牛用于肉牛生产表现出良好的产肉性能，据原河南省南阳地区黄牛研究所试验测定：用 10 头 10 ～ 12 月龄育成牛，肥育 7 ～ 8 个月体重可达 441.7 kg，平均日增重公牛为 813 g，每增重 1 kg 体重消耗饲料 7.6 个饲料单位、可消化蛋白质 740.6 g，屠宰率为 55.6%，净肉率为 46.6%，其中最高个体的屠宰率为 60.6%，净肉率可达 54.9%，骨肉比为 1：5.12。眼肌面积为 92.6 cm^2。24 月龄屠宰时要比 18 月龄牛的屠宰率和净肉率分别提高 3.2% 和 2.7%。如果用阉牛在精料为主的饲养条件下进行强度育肥，其屠宰率和净肉率还能进一步提高，表明南阳牛具有良好的产肉性能。

繁殖性能。南阳牛公牛的性成熟期为 10 ～ 20 月龄，2 岁开始配种，最佳的配种年龄为 3 ～ 6 岁。母牛的初情期是 8 ～ 12 月龄，2 岁开始配种，繁殖能力最强的年龄是 3 ～ 6 岁，繁殖率为 65% ～ 85%，年产一犊或三年产二犊，一生产犊 10 头左右，妊娠期为 250 ～ 308 d。

4. 鲁西黄牛

（1）体型特征。鲁西黄牛是中国名贵牛种之一，其体躯高大，结构匀称，健壮威武，肉用价值高，闻名海内外。被毛从浅黄到棕红，以黄色居多，鼻与皮肤均为肉红色，部分有黑色斑点。多数牛具有完全不完全的三粉特征，即眼圈、口轮、腹下为粉白色；公牛角型多为"倒八字角"或"扁担角"，母牛角型以"龙门角"较多。公牛头短而宽，前躯发达，颈部短粗壮，肉垂明显，肩峰高大，胸深而宽，四肢粗壮；母牛颈部较长，背腰平直，四肢强僵蹄多为琥珀色，尾细长呈纺锤形。

（2）在生产性能上。据屠宰测定的结果，18 月龄的阉牛平均屠宰率 57.2%，净肉率 49.0%，骨肉比 1：6.0，脂肉比 1：4.23，眼肌面积 89.1 cm^2。成年牛平均屠宰率 58.1%，净肉率 50.7%，骨肉比 1：6.9，脂肉比 1：37，眼肌面积 94.2 cm²。肌纤维细，肉质良好，脂肪分布均匀，大理石状花纹明显。生长发育快、周岁体尺可长到成年的 79%，体重相当出生重的 10.1 倍。个体高大、公牛体高 146.3 cm，体长 160.9 cm，胸围 206.36 cm，体重 685.18 kg，最大体重 1 040 kg。皮质好，加工后不出萌眼。性情温顺，体壮抗病，便于饲养管理。

（3）在繁殖性能上。母牛性成熟早，有的 8 月龄即能受胎。一般 10 ～ 12 月龄开始发情，发情周期平均 22 d，范围 16 ～ 35 d；发情持续期 2 ～ 3 d。妊娠期平均 285 d，范围 270 ～ 310 d。产后第一次发情平均为 35 d，范围 22 ～ 79 d。

济宁的鲁西黄牛，肉质鲜嫩，肌纤维间均匀沉积脂肪形成明显的大理石花纹，具有无可比拟的良种优势。至今日本有大理石花纹的牛肉比普通牛肉价格高一倍还多。本县所产牛肉、牛皮（皮质密，韧性好，先进机器能分割六层），多用于出口，深受国内外客户欢迎。

5. 水牛

牛亚科亚洲水牛属、非洲水牛属和倭水牛属 3 属野水牛的通称。亚洲水牛耳廓较短小，头额部狭长，背中线毛被前向，背部向后下方倾斜。菲律宾的民都洛岛，有一种小水牛，身高 1 ～ 1.2 m，毛被灰黑或暗褐色。非洲水牛耳大而下垂，头部短宽，背中线毛被向后，背部平直，角较粗大，全身黑、棕或赤黄色。

五、生长繁殖

（一）种间杂交

牛属中的 4 个牛种可相互杂交，其中有的牛种杂交后代（如瘤牛 × 普通牛）公、母牛均有生殖能力；有的牛种杂交后代（如牦牛 × 普通牛，野牛 × 普通牛）母牛能生殖，公牛则不育。水牛属中的水牛种相互间也可杂交产生后代，但与牛属中的任何牛种杂交均不能受孕。根据这些特性，通过种间杂交创造新品种，已受到育种工作者的广泛重视。美国用婆罗门瘤牛与欧洲的肉牛进行杂交，育成了适于热带和亚热带气候条件的婆罗福特、婆罗格斯、圣赫特鲁迪斯、肉牛王等肉牛品种。澳大利亚用辛地红及沙希华瘤牛杂交，育成了耐热、抗蜱的澳大利亚乳用瘤牛。美国还用美洲野牛（3/8）与海福特牛（1/4）和（3/8）进行三品种杂交，经过上千次杂交试验，终于克服了杂种公牛不育的障碍，育成了增重快、耐粗饲、产肉多、肉质好、饲养成本低的肉牛新品种"比法罗"。加拿大用美洲野牛（1/2）与婆罗门牛（1/2）、夏洛莱牛（1/4）、（1/16）、海福特牛（1/16）进行多品种杂交，产生的种间杂种"卡特罗"生产性能与"比法罗"相似，对寒冷多雪的气候尤具有良好的适应力，且能利用灌木等植物。中国和俄罗斯用普通牛与牦牛杂交，其种间杂种一代犏牛，不仅体型增大，役力更强，而且产奶性能也大大提高。但公犏牛的不育问题迄今尚未得到解决。

（二）繁育性能

公牛俗称牤（mang，牛；母牛俗称牯（gu）牛；小牛俗称牛犊（du）。鲁西黄牛繁殖力较强，母牛一般 8～10 月龄即可配种怀胎，母牛如初配年龄 1.5～2 岁，终生可产犊 7～10 头，产仔率较高，公牛性成熟略晚，一般两岁开始配种，可利用 5～7 年。

根据中华人民共和国农业部 2006 年 6 月 2 日公告，根据《中华人民共和国畜牧法》第十二条的规定，确定八眉猪等 138 个畜禽品种为国家级畜禽遗传资源保护品种，其中牛的品种主要有以下几个：九龙牦牛、天祝白牦牛、青海高原牦牛、独龙牛（大额牛）、海子水牛、富钟水牛、德宏水牛、温州水牛、延边牛、复州牛、南阳牛、秦川牛、晋南牛、渤海黑牛、鲁西牛、温岭高峰牛、蒙古牛、雷琼牛、郏县红牛、巫陵牛（湘西牛）、帕里牦牛等。

六、药用价值

牛科动物黄牛（Bostaurusdomesticus）和水牛（Bubalusbubalis）的药用部位主要为胆囊、胆管或肝管中的结石，药材名牛黄。其肉、骨、骨髓、骨质角髓、血、脑、鼻、齿、喉咙、甲状腺体、蹄、蹄甲、蹄筋、睾丸及阴囊、肝、脾、肺、肾、胆、胃、肠、胎盘、脂肪、乳、唾涎、胃中草结块，及水牛的角、皮、尾、黄牛肉经炼而成的膏和皮所熬的胶亦供药用，药材名分别为牛肉、牛骨、牛髓、牛角鳃、牛血、牛脑、牛鼻、牛齿、牛喉咙、牛靥、牛蹄、牛蹄甲、牛筋、牯牛卵囊、牛肝、牛脾、牛肺、牛肾、牛胆、牛肚、牛肠、牛胞衣、牛脂、牛乳、牛口涎、牛草结、水牛角、水牛皮、水牛尾、霞天膏和黄明胶。

七、物种人文

（一）古代牛文化

唐代诗人元稹《生春》诗："鞭牛县门外，争土盖春蚕。先"鞭"而后"争"，是古代送冬寒迎新春风俗的组成部分。

鞭春牛又称鞭土牛，起源较早。《周礼·月令》记载："出土牛以送寒气。"后来一直保留下来，但改在春天，唐、宋两代最兴盛，尤其是宋仁宗颁布《土牛经》后，鞭土牛风俗传播更广，以至成为民俗文化的重要内容。

康熙《济南府志·岁时》记载："凡立春前一日，官府率士民，具春牛、芒神，迎春于东郊。作五辛盘，俗名春盘，饮春酒，簪春花。里人、行户扮为渔樵耕诸戏剧，结彩为春楼，而市衢小儿，着彩衣，戴鬼面，往来跳舞，亦古人乡傩之遗也。立春日，官吏各具彩仗，击土牛者三，谓之鞭春，以示劝农之意焉。为小春牛，遍送缙绅家，及门鸣鼓乐以献，谓之送春。"鞭春牛的意义，不限于送寒气，促春耕，也有一定的巫术意义。山东省民间要把土牛打碎，人人争抢春牛土，谓之抢春，以抢得牛头为吉利。浙江省境内迎春牛的特点是，迎春牛时，依次向春牛即叩头，拜完，百姓一拥而上，将春牛弄碎，然后将抢得的春牛泥带回家撒在牛栏内。由此看出，鞭春牛还是一种繁殖巫术，即经过迎春的春牛土，撒在牛栏内可以促进牛的繁殖。

古人认为牛拥有"五行"中土属性和水属性的神力。是风调雨顺、国泰民安的象征。五行中讲水能生木，所以牛的耕作能促进农作物生长，又讲土能克水，所以古人们在治水之后，常设置铜牛、铁牛以镇水魔。全国各地也有出土的实物证据——比如闻名遐迩的黄河铁牛（开元铁牛、亦称唐代铁牛，位于永济市城西十五公里，蒲州城西的黄河古道两岸，各四尊。八尊大铁牛，各长3米多，最重的一头45 000 kg，一方面作为地锚拉住桥上铁索；另一方面，古人认为"牛象坤，坤为土，土胜水"，于是以牛镇水安澜，其中的四尊铁牛已于1991年在山西永济出土）。

（二）各地区牛文化

我国各地区也有慰问耕牛的习俗，称为"献牛王"。贵州的罗甸、安龙等地的人们，以农历四月初八为牛贺岁。这一天，让牛休息一天，让牛吃糯米饭。仡佬族的牛王节也称"牛神节""敬牛王菩萨节""祭牛王节"，每年农历十月初一举行。这一天，人们不再让牛劳动，并用上好的糯米做两个糍粑，分别挂在两个牛角上，然后将牛牵到水边照影子，以此种方式为牛祝寿。在贵州榕江、东江一带的人们，每年夏天六月初六举行"洗牛节"，届时春耕已结束，人们把牛牵到河边洗澡，并在牛栏旁插几根鸡毛和鸭毛，祈祷耕牛平安健壮。

丧葬在各地区的人生礼俗中，是一个比较隆重的项目，其仪式是转戛，而转戛仪式中的一个重要内容是砍牛。近人董振藻在《黔中苗乘》中有这样的记载："亲死，选牛一头或数头，亲戚朋友携鸡来祭，即绕牛而奠之（相传前亲死，分食其肉，今以牛代之）。奠毕，屠牛分食而散"。流行于云南中部、丽江山区的纳西族在丧葬时有跳耗牛的风俗。老人死后，火化取骨，主人在院内燃起火堆，来客围在四周，跳丧葬舞，领舞者唱着挽歌。歌舞毕，众人依次向骨灰跪拜。随后牵来一头牛，提起牛耳，将一碗牛奶灌进去。如果耗牛扬蹄蹦跳，即为好兆；如果不跳，再灌一碗，则认为亡灵不要此牛，就要另换一头再灌，然后捆住此牛的四蹄，请父母双全的健壮男子宰牛。通常先取牛心，再剥皮分肉，将牛心、牛肉献于骨灰袋前，称"生祭"。肉煮熟后再祭一次，称为"熟祭"，祭毕埋骨入土。

在汉族交际风俗中，有"结牛财亲"一说，流行于湖南一带。在当地，一头牛几户公用的称为结牛财亲，并视作亲戚，牛的所有权一旦换成别人，其

"亲戚"关系也到此结束。流行于陕西留坝县等地的"牛王会",是为老人做寿的称谓,因为牛耕田犁地,有功于人,并且排在生肖的前列,以牛为名给老人祝寿,表示尊敬。

苗族有抢牛牛尾的婚姻风俗,流行贵州西北一带。男女订婚后,女方要喂养一头黄牛,待婚礼那天将牛牵到现场,用两根绳索绊住牛腿。然后由新娘一刀砍下牛尾,新郎会立刻上去抢夺牛尾,若能在女方父母到来之前夺得牛尾,便可立即成婚,否则婚姻告吹。

（三）牛的象征意义

牛在西方文化中是财富与力量的象征,源于古埃及,依照《圣经·出埃及记》的记载,以色列人由于从埃及出奔不久,尚未摆脱从埃及耳濡目染的习俗,就利用黄金打造了金牛犊,当作上帝耶和华的形象来膜拜。

牛在印度教中被视为神圣的动物,因为早期恒河流域的农耕十分仰赖牛的力气,牛粪也是很重要的肥料,牛代表了印度民族的生存与生机。

《三国志·魏书·武帝纪》首次提到曹操破袁绍之后:"授土田,官给耕牛,置学师以教之。"说明当时已用牛耕田。

牛在中国文化中是勤劳的象征。古代就有利用牛拉动耕犁以整地的应用,后来人们知道牛的力气巨大,开始有各种不同的应用,从农耕、交通甚至军事都广泛运用。《周礼·地官》记养牛的官职是"牛人","凡祭祀,供其享牛"。当时的牛,主要用来作运输以及祭祀、食用,所谓"牛夜鸣,则庮",如果牛夜里鸣叫,那是牛生病了,肉会有臭味。但古书并没有提到牛耕田。战国时代的齐国还使用火牛阵打败燕国,三国时代蜀伐魏的栈道运输也曾用到牛。在宋朝私自宰杀牛是犯法的,《宋史》曾记载天长县令包拯审判一盗割牛舌者又来告人家私宰耕牛的案子。

家牛对人类的生产活动极为重要,这一点也可通过其文化影响看出来。在许多神话故事中都可以见到家牛的身影,某些神话还把牛作为世界或人类的起源,例如在北欧神话中,霜巨人之祖尤弥尔就是被一只名为欧德姆布拉的母牛哺育长大的。牛的形象在某些时候也会同野蛮、粗暴相联系,希腊神话之中,宙斯变为一只牛拐骗了欧罗巴，而克里特岛迷宫中的怪物弥诺陶洛斯则是个半牛半人的恶魔。由于家牛是重要的耕作牲畜，和农业联系密切。有些地方的农民在每年春天开始耕种前会组织和家牛有关的活动、仪式，希望能获得好的收成。也正因为如此，家牛在农业社会中往往具有较高的地位，例如在中国台湾，部分在农村生活成长的人不食用牛肉。在某些情况下，政府还会下令禁止屠宰家牛以防耕牛减少。许多地方都有与牛有关的节日，例如西班牙的圣菲尔明节，巴西、尼泊尔的敬牛节。因为耕牛是重要的生产力，所以农业社会中拥有多少头用于耕作的牛也常常是衡量一个人财富的标准之一。中国古代将牛、羊、猪3种动物的牺牲称为太牢，是规格最高的祭品。

由于家牛很容易和力量联系在一起，也有许多体育俱乐部或体育比赛采用它作为自己的队名、队标或是吉祥物。某些与牛肉、牛奶等餐饮、养殖业有关的公司很自然地在其名称、商标中使用了家牛形象，而有些关系不太密切的公司，像是功能性饮料红牛、超级跑车制造商兰博基尼亦使用了公牛的形象。在作为国家象征的国徽上也可以找到家牛的形象，比如具有尊牛传统的亚洲国家：印度国徽、尼泊尔的旧国徽。欧洲的则有冰岛、安道尔、摩尔多瓦等国。非洲国家包括博茨瓦纳、尼日尔、南非，美洲的巴拉圭也在国徽上标示着一头公牛。许多城市和贵族的纹章上也可看见家牛的身影，如意大利城市都灵、立陶宛城市考纳斯等。家牛也常被艺术家作为表现对象，比如现存最早的纸本中国画即为宋代的五牛图。

（四）斗牛文化

斗牛是西班牙的国粹，风靡全国，享誉世界，尽管从动物保护的观点上看人们对此存在争议，但是作为西班牙斗牛这种特有的古老传统还是保留至今，并受到很多人的欢迎。斗牛季节是每年3月至10月，斗牛季节里，每逢周四和周日各举行两场。如逢节日和国家庆典，则每天都可观赏。斗牛场面壮观，格斗惊心动魄，富有强烈的刺激性。千百年来，这种人牛之战吸引着世界各地的人们，更是现代西班牙旅游业的重要项目。

西班牙全国共有400多个斗牛场，首都马德里的范塔士斗牛场最具规模，古罗马式的建筑壮观雄伟，可容纳三四万人。西班牙的斗牛历史可追溯到两千多年前，他们先是以野牛为猎获的对象，而后拿它做游戏，进而将它投入战争。18世纪以前，斗牛基本是显示勇士杀牛的剽悍勇猛，1743年马德里兴建了第一个永久性的斗牛场，斗牛活动逐渐演变成一项民族娱乐性的体育活动。当发疯的猛牛低头用锋利的牛角向斗牛士冲来，斗牛士不慌不忙双手提着斗篷做一个优美的躲闪动作，猛牛的利角擦着斗牛士的衣角而过。这生死之际的优美一闪，让全场的观众如痴如醉。

人们认为，斗牛作为西班牙最具代表性的民族体育项目，代表着西班牙人的粗犷豪爽的民族性格。西班牙人说，这是他们的天性，来自于他们的生存环境。

第二节　短角牛

一、育种历史

短角牛原产于英格兰的达勒姆、约克等地，有肉用和乳肉兼用两种类型。它是在18世纪，用当地的提兹河牛、达勒姆牛与荷兰中等品种杂交育成的。我国自1974年以来引入100余头。短角牛在我国主要分布于内蒙古自治区赤峰市的巴林右旗短角牛场、翁牛特旗海金山种牛场、阿鲁科尔沁旗的道德牧场、乌兰察布盟的江岸牧场、呼和浩特市大黑河奶牛场等地。其中以昭乌达盟头数较多，占全区总数的72.4%。吉林省的西部和河北省的张家口等地区亦有分布。

二、体型外貌

外貌特征被毛卷曲，多数呈紫红色，红白花其次，沙毛较少，个别全白。大部分都有角，角型外伸、稍向内弯、大小不一，母牛较细，公牛头短而宽，颈短粗厚。胸宽而深，垂皮发达。乳房发育适度，乳头分布较均匀，偏向乳肉兼用型，性情温驯。

三、生产性能

（一）泌乳性能

以内蒙古自治区的短角牛为例，绝大部分依靠天然牧场放牧为主，冬春枯草期酌情补饲，所以母牛的产乳量因牧草生长好坏、饲养水平高低而变化，并随母牛的产次增加而提高，一般在第六产时达到高峰，第七产时开始下降。据对母牛产后泌乳情况观察，出现两次高峰，第一次在产后 3 个月时出现，第二次在 7—8 月的青草盛期。据昭乌达盟短角牛场 1961—1973 年对一至十一产母牛的 435 个泌乳期统计，平均泌乳天为 194 d，平均产乳量 1 413.3 kg，最高的个体年产 7 243 kg，最高日产 38.5 kg，其中，年产 2 000 kg 以上的 85 头，占 19.5%，第一泌乳期平均为（1 190.3±301）kg，第三泌乳期平均为（1 586±532.4）kg，第五泌乳期平均为（1 683.5 ＋ 501.2）kg，变异系数为 33.57%，说明短角牛产乳潜力还很大。另外，据大黑河奶牛场 1956 年统计，三产母牛中平均产乳量达 3 810.6 kg，最高达 4 483.4 kg。乳脂率为 2.72% ～ 5.03%，平均为 3.93%。

（二）产肉性能

由于短角牛性情温驯，不爱活动，尤其放牧吃饱以后，常卧地休息，因此，上膘较快，如喂精料，则易肥育，肉质较好。据昭乌达盟海金种牛场于 1979 年 9 月中旬对 4 头 18 月龄肥育牛屠宰测定，平均日增重 614 g，每 kg 增重耗燕麦单位 7.25 个，每个燕麦单位可消化蛋白 748.85 g，宰前体重为（396.12±26.4）kg，胴体重（206.35±7.42）t，屠宰率 55.90%，净肉重（171.25±6.8）kg，净肉率 46.39%，骨重占活重的 9.51%。眼肌积 82 cm，形状指数为 54.2%，肉层厚度 2.2 cm，背部皮下脂肪厚度平均为 0.65 cm。

（三）繁殖性能

短角牛性成熟在 6 ～ 10 月龄，平均 8 个月龄时即开始发情，发情周期为 19 ～ 23 d 平均 21.9 d，其中，青年母牛较短，多为 19 ～ 21 d；成年母牛较长，多为 21 ～ 23 d 母牛发情持续时间，随年龄与季节而不同，老龄母牛长达 30 ～ 41 h，平均为 35.6 h；青年母牛较短，多为 18 ～ 30 h、平均为 26 h；从季节观察，冬季持续时间较短，夏天比冬天长 1 ～ 4 h。青年母牛发情时，体重为成年母牛的 75% ～ 80%（约 350 kg）即可授精。据昭乌达盟短角牛场 1959—1973 年对场内母牛的 2 158 头次统计，配种率为 96.8%，受胎率为 92%，成活率为 90.9%，繁殖成活率为 80.4%，其中产双犊占产犊母牛数的 9.52%，母牛终生产犊最多的达 16 头。母牛妊娠时间为 282.6 d，其中，公犊 283.4 d，母犊 282.2 d。

（四）适应性能

我国的短角牛，除城镇郊区舍饲外，一般都在 21 ～ 23℃，最高 42.5℃ 的炎热夏天和 -24 ～ -12℃、最低 -45.5℃ 的严寒冬季条件下放牧，仅在枯草期重点补喂羊草、青贮饲料和少部分精料，且精料的品种很单纯，豆饼很缺、麦麸不足。短角牛不仅对不同的风土、气候较易适应，耐粗饲，且发育较快，成熟较早，抗病力强，繁殖率高，达 91.93%。

（五）杂交效果

利用短角牛公牛与我国吉林、内蒙古、河北和辽宁等省、自治区的蒙古母牛进行杂交，在产肉、产乳性能以及体格增大方面都已得到显著效果，并在杂交的基础上，培育成草原红牛新品种。

四、评价与展望

短角牛是世界上著名的古老品种之一。输入我国后，无论在农村或牧区，杂交改良蒙古牛后，不仅毛色 70% 以上变为红色，且产乳、产肉性能有显著提高，经济效益突出，很受群众欢迎。1973 年农业部在天津召开北方 13 省、自治区、直辖市黑白花奶牛育种座谈会上，确定辽宁、吉林、河北、内蒙古四省、自治区成立协作组，共同培育草原红牛新品种后，协作组组织有关人员，联合进行了调查，制订了育种方案和有关文件，促进了各地发展短角牛的积极性，为大面积开展牛的改良，培育草原红牛新品种奠定了基础。今后，必须加强短角牛的保种工作，积极采取措施，引进优良乳肉兼用公牛或冷冻精液，认真开展选种选配及建设草原，不断改善饲养管理条件，搞好培育和疫病防治工作，不断提高短角牛的质量，以便更好地发挥在我国的改良利用效果。

第三节　蒙古牛

　　蒙古牛是中国黄牛中分布最广、数量最多的品种。耐粗、耐寒、抗病力强，能适应恶劣环境条件。原产蒙古高原地区，现广泛分布于内蒙古、东北、华北北部和西北各地。蒙古和前苏联，以及亚洲中部的一些国家也有饲养。蒙古牛是牧区乳、肉的主要来源，以产于锡林郭勒盟乌珠穆沁的类群最为著名。中国的三河牛和草原红牛都是以蒙古母牛为基础群而育成的。

　　蒙古牛分类如下。

中文学名：蒙古牛

界——动物界

　门——脊索动物门

　　纲——哺乳纲

　　　科——牛科（Bovidae）

　　　亚科——牛亚科

　　　　族——牛族

　　　　属——牛亚属

　　　　　种——肉牛品种

分布区域：内蒙古、东北、华北北部和西北各地。

一、原产地

　　蒙古牛原产于蒙古高原地区。主要产区内蒙古多为高原和山地，现分布在内蒙古和黑、吉、辽等周边的地区，是我国优良的黄牛品种。一般海拔

为 1 000 ～ 1 500 m，为典型的大陆性气候，年平均气温 0 ～ 6℃，年降水量
150 ～ 450 mm，无霜期 80 ～ 150 d。境土壤由东北向西南依次为黑土、黑钙
土、栗钙土、棕钙土、灰钙土和荒漠土。植被组成，大部为干草原、半荒漠和
荒漠地带，间有戈壁和少数沙丘。主要牧草为禾本科和菊科，间有豆科牧草。
农业主要集中在黄辽灌区、土默川和一些水热条件较好的地区。主要作物有小
麦、玉米、大豆、高粱、谷子、莜麦、大麦、糜黍、薯类等。地理分布：蒙
古牛广布于内蒙古、黑龙江、新疆、河北、山西、陕西、宁夏、甘肃、青海、
吉林、辽宁等省、自治区。在内蒙古，主要分布在锡林郭勒盟、赤峰市、通
辽市、兴安四个盟等地，即分布在湿润度在 27% 以上的干草原地区；在新疆，
蒙古牛数量也多，主要分布在巴音郭楞蒙古自治州和阿克苏等地区；在黑龙
江，主要分布在嫩江、绥化和松花江的部分地区；在甘肃、青海、宁夏等省、
自治区分布亦广。

二、品种特征

本品种头短宽而粗重，额稍凹陷。角细长，向上前方弯曲。角形不一，多
向内稍弯。被毛长而粗硬，以黄褐色、黑色及黑白花为多。皮肤厚而少弹性。
颈短，垂皮小。鬐甲低平，胸部狭深。后躯短窄，尻部倾斜。背腰平直，四肢
粗短健壮。乳房匀称且较其他黄牛品种发达。体重由于自然条件不同而有差异，
自 250 ～ 500 kg 不等。秋季牧草繁盛、膘满肥壮时，屠宰率有的可达 53% 左右。
泌乳期 5 ～ 6.5 个月，年平均产量 500 ～ 700 kg。蒙古牛头短宽而粗重，角
长、向上前方弯曲、呈蜡黄或青紫色，角质致密有光泽，平均角长，母牛为
25 cm，公牛为 40 cm，角间线短，角间中点向下的枕骨部凹陷有沟。肉垂不发达。
甲低下。胸扁而深，背腰平直，后躯短窄，尻部倾斜。乳房基部宽大，结缔组
织少，但乳头小。四肢短，蹄质坚实。从整体看，前躯发育比后躯好。皮肤较
厚，皮下结缔组织发达。毛色多为黑色或黄（红）色，次为狸色、烟熏色。

三、品种性能

蒙古牛成年公牛的体高、体斜长、胸围、管围、胸深分别为：120.9 cm，

137.7 cm，169.5 cm，17.8 cm，70.1 cm，成年母牛分别为：110.8 cm，127.6cm，154.3 cm，15.4 cm，60.2 cm。母牛平均日产乳量6 kg左右，最高日产乳量8.16 kg。平均乳脂率为5.22%,，最高者达9%，最低为3.1%。乳脂率随季节、月份而有变化，一般在5月以后乳脂率开始下降，6—7月最低，8月份以后又开始回升。中等营养水平的阉牛平均宰前重（376.9±43.7）kg，屠宰率为（53.0±28）%，净肉率（44.6±2.9）%，骨肉比（1:5.2±0.5），眼肌面积（56.0±7.9）cm^2。肌肉中粗脂肪含量高达43.0%。蒙古牛役用能力较大且持久力强，能吃苦耐劳。蒙古牛广泛分布于我国北方各省，终年放牧，既无棚圈，也无草料补饲，夏季在蒙古包周围，冬季在防风避雪的地方卧盘，有的地方积雪期长达150多天，最低温度-50℃以下，最高温度35℃以上。在这样粗放而原始的饲养管理条件下，它仍能繁殖后代，特别是每年3—4月，牲畜体质非常瘦弱，可是当春末青草萌发，一旦吃饱青草，约有2个月的时间，就能膘满肉肥，很快脱掉冬毛。蒙古牛是我国北方优良牛种之一。它具有乳、肉、役多种用途，适应寒冷的气候和草原放牧等生态条件。它耐粗宜牧，抓膘易肥，适应性强，抗病力强，肉的品质好，生产潜力大，应当作为我国牧区优良品种资源加以保护。

第四节　利木赞牛

利木赞牛因在法国中部利木赞地区育成而得名。原是大型役用牛，后来培育成专门肉用品种，1997年引种中国山东鸿远牧业改良繁育区。成年公牛平均体高140 cm，体重900～1 100 kg，母牛体高130 cm，体重600～900 kg，日增重860～1 000 g，屠宰率65%左右。

利木赞牛分类如下。

中文学名：利木赞牛

界——动物界

　门——脊索动物门

　　亚门——脊索动物亚门

纲——哺乳纲

目——偶蹄目

科——牛科

亚科——牛亚科

族——牛族

属——牛属

种——牛种

分布区域：法国。

该品种牛产肉性能高，胴体质量好，眼肌面积大，前后肢肌肉丰满，出肉率高，难产率低，毛色接近中国黄牛，比较受群众的欢迎，是改良黄牛的较理想品种之一。供种单位：内蒙古自治区家畜改良工作站。

一、产地、地理分布及环境

利木赞牛原产于法国中部的利木赞高原。在法国其主要分布在中部和南部的广大地区，数量仅次于夏洛来牛，育成后于 20 世纪 70 年代初，输入欧美各国，现在世界上许多国家都有该牛分布，属于专门化的大型肉牛品种。利木赞牛先后被引入 30 多个国家，中国于 1974 年以来分批引入，重点用于黄牛改良。

二、品种特征

利木赞牛为大型肉用品种，头短额宽，肩峰隆起，肉垂发达，体躯长而宽，胸宽而深，背腰较宽，尻平而宽，肌肉丰满，前躯发达，背腰臀及股部的肌肉厚实，四肢较矮，蹄质良好。缺点是生长发育不够均匀，体型不太整齐。它的皮肤厚而较软，有斑点，毛色由棕黄色到深红色，深浅不一，具有明显的三粉特征，即眼圈、鼻端和四肢下端的毛色较浅。角为白色。公牛角较粗短，向两侧伸展略向外卷；母牛角较细，向前弯曲再向上。蹄为红褐色。成年公牛平均体高 140 cm 左右，体长 160 ~ 190 cm，胸围 220 ~ 237 cm，管围 24 ~ 26 cm，体重 950 ~ 1 100 kg。成年母牛体高 127 ~ 130 cm，体长 149 ~ 175 cm，胸围 192 ~ 215 cm，管围 20 ~ 21 cm，体重 600 ~ 720 kg。

三、品种性能

适应性：利木赞牛体质健壮，性情温顺，适应性强，耐粗饲，食欲旺盛。夏季高温没有厌食与喘息表现，并能正常采食；严冬季节，无弓腰缩体的畏寒表现，喜在舍外采食和运动，不易发生感冒或卷毛现象。产肉性能：利木赞牛具有体格大，体躯长，结构好，早熟，瘦肉多，耐粗饲，生长补偿能力强等特点。由于生长速度快，不少国家用来生产"小牛肉"，在良好的饲养条件下，6月龄体重即可达到 280～300 kg，12 月龄体重可达 450 kg。公犊初生重平均39 kg，平均日增重 1 040 g；母犊初生重 37 kg，平均日增重 860 g。屠宰率一般在 63%～71%，且肉质良好，脂肉间层具明显的大理石花纹，很受消费者的欢迎。

繁殖性能：利木赞公牛一般性成熟时间为 12～14 月龄，开始配种年龄为 2.5～3 岁，利用年限为 5～7 年。母牛初情期为 1 岁左右，发情周期为18～23 d，初配年龄是 18～20 月龄，妊娠期为 272～296 d，难产率在 2%以下。改良效果：据有关单位试验，用利木赞牛改良蒙古牛，利蒙一代进行肥育，13 月龄体重可达 408 kg，肥育期内的日增重可高达 1 429 g，屠宰率为56.7%，净肉率为 47.3%；用利木赞牛与鲁西黄牛杂交，其杂交后代毛色表现一致，体格高大，体躯宽厚，肌肉丰满，臀尻发育良好，克服了鲁西黄牛后躯发育不良的缺点，初生重可比鲁西黄牛的初生重提高 18% 左右，12 月龄体重可达 325 kg，提高了 20% 左右，屠宰率为 60.23%，净肉率为 49.44%，而且肉质好，大理石花纹明显，是较理想的父本。

第五节　中国草原红牛品种资源现状

一、产地与分布

草原红牛是以乳肉兼用的短角公牛与蒙古母牛长期杂交育成，主要产于吉林白城地区、内蒙赤峰市、锡林郭勒盟、乌兰察布市、伊克昭盟和巴彦淖尔市。

吉林省白城地区主要是通榆、镇赉、大安、洮安、乾安、长岭等县，以及河北省的张家口和张北县等地。1985 年经国家验收，正式命名为中国草原红牛。适应性强，耐粗饲。夏季完全依靠草原放牧饲养，冬季不补饲，仅依靠采食枯草即可维持生活。对严寒酷热气候的耐力很强，抗病力强，发病率低，当地以放牧为主。其肉质鲜美细嫩，为烹制佳肴的上乘原料。皮可制革，毛可织毯。

据 1981 年统计，内蒙古有短蒙杂种牛 16 万头，吉林有 15 万头；符合草原红牛标准的牛，内蒙古已发展到 1 万头，吉林 4 000 头。1985 年经国家验收，正式命名为中国草原红牛。目前草原红牛总头数达 14 万头。

中国草原红牛分类如下。

中文学名：草原红牛；别称：中国草原红牛

界——动物界

　门——脊索动物门

　　纲——哺乳纲

　　　目——偶蹄目

　　　　科——牛科

　　　　　属——牛属

分布区域：吉林白城地区、内蒙古赤峰市、内蒙古锡林郭勒盟等地。

二、品种形成

早在 1936 年，在内蒙古乌兰浩特即用乳肉兼用型短角牛杂交改良当地的蒙古牛。1947 年又从美国、加拿大等国引进纯种乳肉短角公牛，于 1952 年在国营农场和少数社队，用以杂交改良蒙古牛。1973 年以后，由于冷冻精液配种技术的推广，扩大了优良种公牛的利用率，促进了育种工作的开展，对增加草原红牛的数量和提高质量起了很大的作用。

年育种工作大致可以分为 3 个阶段：一是杂交改良阶段（1952—1972），用兼用短角公牛杂交当地母牛，生产级进二代和三代的杂种牛；二是横交固定阶段（1973—1979），选择理想型的级进二代或三代的杂种牛，采用同质或异质选配的方法横交固定，选育提高，以稳定其遗传性；三是自群繁育阶段

（1980年开始），进行自群繁育，严格进行选择，淘汰不良个体，增加良种牛的数量，提高质量。目前，大量的生产性能符合要求的草原红牛正不断形成中。

三、体型外貌

（一）外貌特征

大部分牛有角，角多伸向前外方、呈倒八字形、略向内弯曲。全身被毛为紫红色或红色，部分牛的腹下或乳房有小片白斑，据内蒙古赤峰市海金山种牛场统计，紫红色占41.8%，红色占38.6%，其余为沙毛和少数胸、腹、乳房有白毛者。角呈蜡黄褐色。草原红牛被毛为紫红色或红色，部分牛的腹下或乳房有小片白斑。体格中等，头较轻，大多数有角，角多伸向前外方，呈倒八字形，略向内弯曲。颈肩结合良好，胸宽深，背腰平直，四肢端正，蹄质结实。乳房发育较好。详见图1-3、图1-4（图片来源：百度百科）。

图1-3　草原红牛

图1-4　草原红牛群

（二）体尺与体重

成年公牛体重 700～800 kg，母牛为 450～500 kg。犊牛初生重 30～32 kg。据内蒙古和吉林测定的资料，成年公、母牛的体尺、体重如表 1-1（数据来自百度百科网）。

从表 1-1 可看出，草原红牛体格较小，成年母牛体高仅 124.2 cm，体重不到 500 kg。

表 1-1　成年牛的体尺与体重

项　目	母　牛	公　牛
	平均	平均
体高（cm）	124.2	137.3
体长（cm）	147.4	177.5
胸围（cm）	181.0	213.3
体重（kg）	453.0	760.0

（数据来源百度百科网）

四、生长发育

由于草原红牛主要依靠放牧饲养，在夏秋冬节的牧草盛期，营养丰富，牛只发育正常。冬春季节，饲料不足，营养不全，生长发育受阻，特别是出生后第二个冬季，摄取的营养不足，饲养一冬，牛的发育不正常，其体高略有增加，体重则往往下降，发育比较缓慢。据吉林省通榆县 3 家子种牛繁育场 1972—1981 年的测定资料（表 1-2），犊牛初生体重：公牛 31.3 kg，母牛 29.6 kg。初生到 6 月龄平均日增重：公牛 678（600～700）g，母牛 614 g。7～12 月龄（冬季）平均日增重：公牛 265 g，母牛 230 g。13～18 月龄平均日增重，公牛 512 g，母牛 484 g；19～24 月龄（冬季）平均日增重：公牛 150 g，母牛 142 g。这种不正常的生长，在内蒙古也同样存在。

表 1-2　不同月龄的生长发育

月龄	公牛				母牛			
	平均体重（kg）	平均日增重（g）	平均体高（kg）	增加（%）	平均体重（kg）	平均日增重（g）	平均体高（kg）	增加（%）
初生	31.3	—	67.6	—	29.6	—	66.8	—
6	153.4	678	95.4	27.9	140.0	614	93.8	27.0
12	201.2	265	104.8	9.3	181.5	280	103.2	9.3
13	298.4	512	111.2	6.4	268.6	484	110.5	7.3
24	320.4	150	116.0	4.9	261.1	142	114.2	3.7

数据来源：百度百科

五、生产性能

据测定，18 月龄的阉牛，经放牧肥育，屠宰率为 50.8%，净肉率为 41.0%。经短期肥育的牛，屠宰率可达 58.2%，净肉率达 49.5%。在放牧加补饲的条件下，平均年产奶量为 1 800 ～ 2 000 kg，乳脂率 4.0%。草原红牛繁殖性能良好，性成熟年龄为 14 ～ 16 月龄，初情期多在 18 月龄。在放牧条件下，繁殖成活率为 68.5% ～ 84.7%。

（一）泌乳性能

由于草原红牛以放牧为主，产乳性能的变异较大。根据内蒙古昭乌达盟海金山种牛场 1974—1980 年资料，除放牧外，在冬春季补喂精料、干草和青贮饲料时，第四胎平均产乳量为 1 809 kg，比同龄蒙古牛提高 2 ～ 3 倍。在吉林省的草原红牛也得到类似结果。

据内蒙古牛品种资源调查组资料，在纯放牧条件下，一般青草期约 100 d（从 6 月初到 9 月中下旬），第一产平均产乳量为 823.61 kg，平均乳脂率 4.03%。又据海金山种牛场 1976 年测定，草原红牛的泌乳潜力试验结果，全部试验牛白天放牧 7 ～ 8 h，每天补草料 2 次，挤乳 3 次。第一组给维持料 360 kg，每产 5 kg 乳再补料，平均每头产乳量 2 064 kg；第二组只补料 400 kg，平均每头产乳量 1 537.5 kg；第三组补料 300 kg，平均每头产乳量 1 133.6 kg。第一组产乳量比第二组多 526.0 kg，提高 34.2%；第一组比第三组多 930 kg，提高 82.0%。由此可见，草原红牛的产乳潜力很大，只要稍加改善饲养管理，产乳量即可提高。

目前对草原红牛的研究主要集中在育种、育肥和肉用性能等方面，而对草原红牛乳品质的研究非常少。1998 年，李凤学等研究了不同年龄、不同胎次及泌乳月的草原红牛乳乳脂率的变化情况，得出结论年龄、胎次和泌乳月均对草原红牛乳的乳脂率有所影响。乳脂率随着年龄、胎次的增长呈降低趋势，在不同泌乳月间则呈先降低再增高的变化过程。2003 年，中国乳制品检验机构检测了泌乳中期、泌乳后期的草原红牛鲜乳，结果为：平均脂肪含量 6.8%，乳蛋白 4.3%，乳糖 4.0%，乳干物质 16.3%，乳钙含量 103 mg/100 mL。这些对草原红牛乳的研究远远不够，草原红牛乳品质及其加工特性的研究需要进一步拓展，从而为草原红牛乳的应用推广及企业加工提供理论支持。

（二）产肉性能

据内蒙古地区 1983 年资料报道，在以放牧为主的条件下，草原红牛屠宰前给予短期肥育后，屠宰率可达 53.8%，净肉率达 45.2%。据吉林省资料报道，经短期肥育的牛，屠宰率和净肉率分别可达到 58.2% 和 9.5%。在完全放牧条件下，在秋季膘最肥时屠宰，屠宰率和净肉率分别可达 50.8% 和 41.0%。说明草原红牛的产肉性能是较高的。从 1978 年以来，5 年内作为肉牛出口已达 26 100 头。

六、繁殖性能

草原红牛的初情期，随出生时期而有变异，早春出生的牛发育较好，在生后 14 ～ 16 月龄内有发情表现；夏季出生的牛迟至 20 月龄，才初次发情；一般都在 18 月龄左右。发情周期平均为 21.2 d（吉林省）或 20.1 d（内蒙古），发情持续期 1 ～ 3 d。在正常情况下，母牛于 3 月末、4 月初开始发情，发情旺季在 6 ～ 7 月，发情率占全期 70% 以上。妊娠期平均为 283 d，母牛产后第一次发情，随分娩季节不同而有差异，早春分娩母牛产后发情间隔时间较长，多在 80～110 d，夏季分娩的母牛间隔时间较短，为 40～50 d 据吉林三家子种牛繁育场近 5 年资料，平均繁殖率为 89.6%，繁殖成活率为 84.7%，但据海金山种牛场 6 年（1976—1981 年）资料，平均繁殖率及繁殖成活率分别平均仅为 70.8% 和 68.5%。

七、适应性能

草原红牛的特点是适应性强，耐粗饲，夏季完全依靠草原放牧饲养，冬季不补饲，仅依靠采食枯草，即可维持生存。对严寒、酷热气候的耐力很强，在没有棚舍、露天敞圈的饲养管理条件下，对严寒风雪、酷暑烈日，均无畏缩不安表现。抗病力强，常年放牧饲养，发病率很低，恋膘性强。

八、草原红牛养殖技术

草原红牛主要分布在吉林省西部的草原地区、内蒙古自治区东部、河北等地，这些草原地区基本上属于羊草、杂类草草原，主要生长的牧草有羊草和耐碱性的禾本科牧草，以及菊、藜科杂类草，豆科牧草很少。农作物以玉米、荞麦、绿豆、向日葵、水稻为主。在培育草原红牛过程，我们依据当地的生产条件特点，采取了以放牧饲养为主、适当补饲的饲喂模式。

（一）繁殖技术

由于受北方地区自然气候条件和饲养条件及饲养模式所决定，草原红牛的繁殖季节主要集中在青草期，配种从 4 月中旬至 10 月中旬，出现有规律季节性配种繁殖，配种方法采取冷冻精液人工授精和本交配种相结合，以前者为主。

近几年，随着舍饲、半舍饲养殖的发展，有些饲养条件较好的地方实行了常年人工授精配种，由当地的改良站或配种站进行技术服务。在交通便捷、草原红牛群集中的苏木嘎查村推广冷冻精液人工授精技术，这在政府主导的推广工作中进展很快，一般 1 个发情期输精 1～2 次，最适输精时间在母牛休情后12 h 内。为了便于观察放牧母牛发情，在进行人工授精的母牛群配备结扎输精管的试情公牛，一般每40～50头母牛配备1～2头试情公牛。在交通不方便，比较偏远的一些地方，我们也经常利用种公牛本交配种，所用的种公牛均来自通榆县3家子种牛繁育场或当地的草原红牛种公牛纯繁场，公牛可随母牛一起放牧或舍饲养，当母牛发情随时配种，配种季节公牛需要单独补饲一定量的混合精料，一般每4～20头母牛配备1～2头公牛，每隔3年不同地区和不同纯繁场调换种公牛1次，或者公牛单独饲养，母牛发情时牵牛配种，一定要注意防止近亲交配衰退问题。

（二）饲养技术

各类牛群都要设有棚圈或棚舍，以遮蔽烈日暴晒和冷雨风雪，尤其北方牛舍保温问题。各圈舍的运动场内设盐槽或舔砖，供牛舔食。饮水要做到定时、慢饮，冬季水温不能过低，影响饮水；可以采取大群牛分批饮的方式，以便使体弱体病的牛只也能喝足水。夏季要饮晒过的温水，这样有利于瘤胃微生物的繁殖，冬季要饮从井里新抽出来的水，随饮随抽，这样的水温度较高，可减少体内热能的消耗。

（三）犊牛期饲养

1.人工哺乳

犊牛生后即与母牛分开进行人工哺乳。哺乳期3～4个月，全期哺乳量，300～500 kg，单独组群饲养管理。犊牛生后应尽早喂初乳，可以极大地提高初生犊牛的免疫力，最迟不超过半天，一般哺初乳7 d，以后改为混合乳，第一天的哺乳量按犊牛体重的1/8确定，前3个月每天哺乳3次，以后改为2次或1次。人工哺乳犊牛要做到定时、定量、定温，用哺乳罐饮37℃左右温开水，以后饮温水即可，半个月以后，开始训练犊牛采食混合精料和优质干草。到4月龄时全期喂混合精料180 kg左右，精饲料多以玉米、豆饼、十字花科植物为主。完全自然哺乳，母牛产犊后不挤奶，犊牛与母牛在一起放牧，随时哺母乳。哺乳与母牛挤奶相结合，犊牛生后与母牛分开，定时哺乳，将母牛剩余奶水挤出用于商业出售。当犊牛吸吮乳头，由于犊牛吸乳过程中对乳房的刺激作用，待乳房充满乳汁后，将犊牛拴在木桩上，然后开始挤奶，最后在乳房中留给犊牛一定数量的乳汁，初次挤奶时，一定注意给犊牛留存的奶量，通过多次调整，让犊牛吃净、够吃。如果犊牛与母牛同群放牧，归牧后夜晚将母仔分开，早晨挤1次奶，自然哺乳的犊牛补饲精料和干草的方法同人工哺乳犊牛，4～6月龄时彻底断奶。

2.育成期（7～24月龄）饲养

断奶后的育成公牛和育成母牛单独组群饲养管理，进入青草期后完全靠放牧饲养，不补喂草料。当年春季初生的犊牛进入第1个枯草期，除每天放牧外，归牧后每头日补饲干草2.0 kg或干玉米秸3.0 kg，青黄贮饲料3.0 kg；如果有条件还应补1.0～1.5 kg混合精料。进入第2个枯草期，饲养方法与当年生犊牛基本相同，只是在补饲数量上应增加1倍。初配母牛过冬时，由于自身还在生长，加上胎儿的发育，需要较多的营养，要增加饲料的供应量，每头日补饲混合精料一般再增加50%，同时对其进行拴系、刷拭，按摩乳房等调教工作，为挤奶打好基础。

（四）成年牛饲养

在草原饲草相对充足的地区，成年母牛全年基本上靠放牧，每群30～50头，枯草期进行补饲，一般每头日补干草，或干玉米秸5.0～7.0 kg，青黄贮饲料10.0 kg，产奶母牛按每产3.0～4.0 kg奶补饲1.0 kg混合精料。每天定时挤奶2～3次，由于品种和育种等原因，草原红牛机械挤奶易造成乳房炎，为此，实际工作中我们主要采用人工挤奶与机械榨奶相结合。妊娠母牛在产前2周单独饲养管理，成年种公牛全年以舍饲为主，单独饲养管理，配种期（采精生产冷冻精液，每周采精2次），每头日喂混合精料5.0 kg，非配种期喂3.0～4.0 kg干草，自由采食。青草期种公牛靠放牧运动每天上午、下午各2 h；枯草期在运动场自由运动，每天刷拭1～2次。

（五）放牧技术

草原红牛的产区基本都在我国北方草原地区，草场面积较大，草质较好，放牧是养好这些地区草原红牛的关键工作，春季是抢膘季节，青草刚萌发，牛容易跑青，为防止跑青，尽快恢复膘情复壮，要起早贪黑，延长放牧时间，夏季是增膘季节，要选择草质好的地方轮放，避开烈日及蚊虻活动时间放牧；秋季是抓膘季节，要选择草质柔软的草场放牧，农作物收获后，及时遛茬。冬季是保膘季节，选择洼地避风处放牧，出牧时要紧走，归牧时要缓行，切忌远行，以免消耗过多体力。

九、评价与展望

草原红牛适应性强。在同样放牧饲养管理条件下，其生产性能高于蒙古牛。但由于目前饲养管理水平较低，不能满足牛只生长发育和生产的需要，乳、肉生产性能尚未得到充分发挥，潜力还很大。今后，在育种工作中，还需要继续不断地创造条件，改善饲养管理；逐步提高饲养水平。随着饲养管理条件的改善和营养水平的提高，草原红牛的生长发育和生产性能将会进一步得到提高。为提高其泌乳性能，可引进泌乳性能高的优秀乳肉兼用短角种公牛或精液，以更新血液。在此基础上培育和选择优秀种公牛，以提高生产性能，改进体型外貌上的缺点。

十、草原红牛育种历史

中国草原红牛育成之后，在育种区内产生了良好的影响，为草原地区黄牛发展做出了较大贡献。在吉林省西部具有良好的发展前景。笔者有幸从事草原红牛育种和种牛生产工作多年，对中国草原红牛有所了解，现就吉林省西部饲养草原红牛的现状及其发展前景发表自己粗浅的看法。

（一）草原红牛育种史

草原红牛育种始于 20 世纪 50 年代，是采用英国短角牛（Short horn）与本地牛经过级进杂交、横交固定和自群繁育提高等 3 个阶段培育而成的肉乳兼用型新品种。育种初期，中国草原红牛育种委员会由 4 省（区）联合组成，制定了统一育种标准，并在育种核心场组建核心群，为全面开展育种工作提供优良种源。再通过技术指导、行政干预、政策引导等方式在育种区内搞好草原红牛推广普及工作。当时在草原地区形成了强有力的草原红牛育种队伍，草原红牛已遍布草原地区的各个角落。因此，在 1985 年验收时，育种区内共改良牛达 163 万头。品种验收普查登记表明，育种区内存栏牛 35.5 万头。草原红牛 2.8 万头，其达到草原红牛育种登记标准的成年母牛 6 688 头。育种结束后，草原红牛推广工作又有了新的进展，在草原地区牛群中所占比例呈逐年上升趋势，据调查：通榆县存栏牛中，80% 以上为草原红牛。

（二）草原红牛品种资源现状

1. 育种场变迁情况

据调查：草原红牛品种验收后，个别育种场因体制变化而淡化保种意识，出现了出售基础母牛或杂交滥配现象，使宝贵的草原红牛品种基因库损失较大；部分育种场育种工作处于停滞不前状态，对草原红牛来说是有一定冲击的。在复杂的市场环境下，吉林省通榆县 3 家子种牛繁育场（草原红牛育种核心场之一）在吉林省农业科学院畜牧分院的鼎力支持下，始终坚持着保种工作，并且有条不紊地进行导血等提高品种质量的研究工作。目前，每年都要向省内外推广种牛 300 头左右，目前该场存栏草原红牛基础母牛 900 余头，而且相应地建立了品系，发展形势良好。在 1998 年吉林省确认重点保种的种畜禽场时，顺利通过专家鉴定，被列为省级重点种畜禽生产场，并获得了农业部颁发的种畜禽生产许可证。

2. 草原红牛品种资源

草原红牛育成后，主要分布于河北、内蒙古与吉林西部等辽阔草原地区，对当地黄牛改良起到了积极的作用。而且通过多年有计划地更新调换种牛，其改良效果日渐明显。可以说：在草原地区，草原红牛业已成为颇受欢迎的品种。

3. 草原红牛生产性能

草原红牛育成时，主要生长在粗放管理方式的草原地区，因而形成了一种耐粗饲、抗逆性强、自然放牧条件下抓膘快等优良特性。该牛在以放牧为主、适当补饲的条件下，每个泌乳期 240～280 d，产奶在 2 500～3 000 kg，乳脂率平均在 4.2% 以上，而且牛奶的总干物质含量高、口感良好，适合于鲜奶饮用及制作鲜奶制品。其 18 月龄阉牛在完成放牧育肥条件下，宰前活重 290 kg，屠宰率 50%，产肉 119 kg。断奶后经强度育肥的 18 月龄公牛，宰前活重平均为 578 kg，屠宰率为 56%，净肉率为 48%，一般架子牛短期催肥 100 ～ 120 d 即可屠宰，屠宰率为 57% ～ 58%，净肉率为 43% ～ 45%，且育肥期内平均日增重 1 300 ～ 1 700 g。草原红牛肉具有鲜嫩、无膻味、口感好的特点，经强度育肥的 18 月龄公牛肉嫩度为 2.2 kg，而且脂肪颜色为白色，肌间脂肪沉积良好，适合于开发高档牛肉生产。其活牛出口到香港后，市场信誉良好，深受香港市民欢迎。同时，皮张具有厚薄均匀、弹性好、耐拉力强等特点，是制革业的优质原料。

近年来，内蒙古通输县 3 家子种牛繁育场有计划地对草原红牛进行导入丹麦红牛（DanishRed）、利木赞牛（Limousin）的研究，其生产性能在原来基础上又有新的提高，而且通过推广种牛所反馈的信息看：导血后的草原红牛仍然保持了良好的遗传稳定性、较强的适应性及抗病能力。

（三）草原红牛前景展望

草原红牛育成后，在草原地区广泛地推广并饲养，形成了巨大的市场，该牛销售价格一般都比本地牛每头高出 200 ～ 400 元，使草原地区农牧民在长期饲养草原红牛过程中获得了实惠。因此，只要正确引导就会形成热潮，市场前景十分乐观。

1. 外部环境促进草原红牛的发展

吉林省具有发展养牛的良好基础，同时吉林省委、省政府又将发展养牛列为全省经济发展的支柱产业之一。为该牛的发展创造了良好的机遇。首先，吉林省西部目前养牛的基础是以草原红牛为主，而且它又是中国自行培育的优良品种，应当优先发展。其次，吉林西部及内蒙古大部分地区，草场资源丰富，民间素有自然放牧养牛的习惯，对于这种粗放管理方式，发展草原红牛较为适应。另外，其他地区的林下草地也适合于放牧养牛，即适合于发展草原红牛。最后，它具有生产性能相对较高，且耐粗放管理的特点，适合于草原地区传统养牛方式，就目前经济水平及饲养水平，草原地区发展草原红牛可以说是良好的选择。

2. 市场需求需要草原红牛的发展

随着经济的发展以及对外开放程度的提高，国内外市场牛肉的消费量逐年上升。尤其是在我国，牛羊肉是人们膳食结构的重要组成部分，对于提高人们身体素质和营养水平具有积极作用。改革开放前，畜牧业生产发展较为落后，消费量很少，年人均牛羊肉消费仅有 0.5 kg 左右，至 1978 年全国消费总量为 63.1 万 t，人均消费 0.64 kg。改革开放后，随着居民消费水平提高和畜产品供给能力增加，牛羊肉消费不断增加。牛肉消费增长速度快于羊肉，2011 年牛肉消费量为 672.55 万 t，人均消费 4.81 kg，分别是 1978 年的 21.9 倍和 15.3 倍，年均增长 9.80% 和 8.62%，其中，20 世纪 90 年代人均牛肉消费量增长最快，年均增长 14.91%；2011 年羊肉消费量为 405.04 万 t，人均消费 2.89 kg，分别是 1978 年的 12.5 倍和 8.8 倍，年均增速分别为 7.96% 和 6.80%。随着国民生活水平的日益提高，膳食结构也会随之改变，也就是说，肉、奶的摄入量也会提高，为草原红牛发展创造了良好的机遇。再则，随着对外交往的逐渐增多，市场对肉、奶质量要求也逐渐提高，而草原红牛既有肉质好的优点，又存在着奶质好的优点，完全能在优质优价的竞争中获胜。在草原红牛发展中，只要把目前品系发展的系统化建设好，其前景将会看好。同时，吉林省西部具有丰富的草原红牛资源，很容易通过市场的拉力作用形成规模，形成地方优势，也为该牛的发展创造了机遇。

3. 加工条件有利于草原红牛的发展

当前吉林省肉类、奶类加工厂的迅速发展，其加工能力远远超出目前的生产能力。随着形势的发展，市场需求的改变，各地肉类加工厂相继生产出高档牛肉产品，为草原红牛的发展奠定了良好的基础。过去，牛肉生产仅为季节性生产，而当前，由于加工业的发展，使牛肉生产日益趋向平衡化，品种日益趋向多样化。这就为开拓牛肉市场创造了良好的条件。

4. 市场发展状况可以促进草原红牛的发展

中国草原红牛自育成后，其肉质深受消费者认可，尤其在香港市场具有较高的信誉。而以该牛鲜奶为主要原料生产的"红牛牌"奶粉畅销全国，曾被评为轻工业部优质产品。在吉林西部地区及内蒙古、河北的部分地区，草原红牛仍然是农牧民非常欢迎的品种，其发展潜力巨大，而牛肉市场对优质牛源的需求量也与日俱增。而在我国北方大部分地区以草原牧业为主，饲草资源丰富，且管理粗放，生产条件有利于发展耐粗饲的草原红牛。草原红牛的发展前景十分看好，在一定时期内，仍然是上述地区发展的首推品种。

草原地区发展草原红牛具有广阔的市场，而且当地农牧民乐于接受这种耐粗放管理的优良品种。其发展的潜力巨大，只要做好市场开发，必将成为一个新的经济增长点，从而带动草原地区畜牧业的飞速发展。

第六节　中国草原红牛之乡通榆：草原红牛发展现状

"十二五"开局之年，中共通榆县委、通榆县人民政府立足资源优势和区域特色，站在建设全国绿色农畜产品基地县的战略高度，审时度势，科学规划，制定出台了《关于加快通榆中国草原红牛产业发展的实施意见》（以下简称《意见》）。

《意见》指出，通榆中国草原红牛作为通榆本县培育的品种，具有五十多年的发展历史，已成为国内具有地域特色的高档肉牛品种，蕴含着广阔的市场前景和发展空间。

在《意见》中，将通榆红牛产业做为发展现代牧业经济的支柱予以通盘考虑，科学制定了发展的总体思路和总体目标。就是要以工业化思维和市场理念谋划通榆红牛产业发展，并做为主线牵动产业链条，以引进龙头企业为突破，以产加销一体化经营为途径，以规模养殖大户小区为保障，以发展高档牛肉产品和高端消费市场为目标，整合配套政策、资金、技术、人才、服务等资源，构建繁育、育肥、加工相对集中，资源整合、资本集聚、产业集群的通榆红牛产业发展新格局，将通榆红牛产业打造成通榆牧业支柱产业。

计划在"十二五"期间，红牛产业实现"四化"。

——发展产业化。通过引进域内外投资企业，充分发挥龙头企业带动作用，实行企业加基地加农户的模式，实现产、供、销一体化，促进大发展，快发展。

——基地规模化。通过导血提高、自群选育提高以及扩繁推广等手段，使得通榆红牛的群体质量整体提升，符合通榆红牛品种标准的基础母牛比例达到80%。一是通过政府扶持一点、金融部门贷一点、个人自筹一点的发展模式，建设完成饲养通榆红牛基础母牛50头以上的规模户500个。二是继续完善和巩固通榆红牛现有基母群，通过加大资金与技术的投入，扩大核心群群体数量，提高核心群群体质量，为全面完成通榆红牛的群体质量提高提供可靠地种源保障。三是利用五年的时间使通榆红牛的饲养量达到5万头，年出栏育肥牛0.7万头。

——饲养标准化。通过强化技术指导不断提高科学饲养水平，达到品种遗传基础坚实良种化率高的目标。加强疫病防控力度，确保产品质量符合国际准入标准。

——产品品牌化。通过精深加工并不断打造品牌效应，促进产品达到高端化并走进国内外高端消费市场，实现效益最大化，产品名牌化。

为了实现这些目标，通榆县委、县政府将巧打科学技术、优惠政策、新型组织、市场品牌等组合拳，全力谋划红牛产业跨越发展。

——以科技为支撑。主要目标是强化扩繁推广，为规模发展打基础。完善种公牛站。在争取国家、省种公牛站项目同时加大地方财政投入，完善配套设施，扩大核心群，保证优质通榆红牛种公牛存栏30头以上。加强后备种公牛培育，不断选育提高种公牛质量，保障社会优质冻精需求。增设冷配站点，全县建设冷配站点43个，使用优质通榆红牛良种精液进行冷配，所用品种必须经过畜牧部门验证的优秀种源。由县政府牵头，各乡（镇）场负责，实施科学清群，畜牧站负责技术工作。抽调县畜牧业局、职教集团等单位的专业技术人员，建立通榆红牛服务队伍，对全县的养牛户进行繁殖改良、饲养管理、疫病防治等方面的技术服务和指导。健全疫病防控体系，以政府为主体的疫病防控责任制，提高防疫水平。各乡（镇）场畜牧站抽调3名以上技术人员，组成防疫专业队，专门做好红牛的疫病防治、疫情监测、消毒灭源、检疫检验。严格按照免疫操作规程，保证免疫密度和免疫质量，确保通榆红牛不发生疫情。积极推广良种繁育改良技术，每个乡（镇）场畜牧站抽调 1 名技术人员专门负责繁殖改良工作。加强繁改技术人员的培训，合理安排各乡（镇）场的配种站点，使之布局合理，服务到位。

　　——以政策来给力。《意见》明确提出，加强政策扶持，为加快发展增动力。凡参加通榆红牛合作社的社员，每繁殖生产一头牛犊政府给予可繁殖母牛 100 元补贴；所产的母牛犊留作基础母牛的每头补贴 80 元；其它肉牛品种的母牛，每生产一头牛犊给予基础母牛 100 元的补贴。对通榆红牛标准化场（小区）建设除国家和省补贴资金外，每个新建场（小区）县里给予补贴 5 万元。对发展通榆红牛户在牛舍建设上所需木材指标给予优先审批，棚舍建设所占用地由畜牧部门审批，土地部门备案，不缴纳任何费用。对全县的通榆红牛合作社社员所饲养的牛，实行保险制度，保费由县政府补贴 30%。充分发挥国有资产融资平台作用，重点整合扶贫、牧区水利、农发、退耕还林后续发展资金等项目发展资金，积极协调金融部门，为通榆红牛产业发展提供融资保障。对新建冷配站点实行补贴政策，每个站点补贴 1 500 元。对投资发展企业使用的冻精，畜牧部门要加强监督、指导，并给予适当的精液补贴。扶持草场围栏、打井和人工种草，重点发展草原饲草饲料基地建设。凡参加合作社的规模养殖户，可在自己承包的草原内经专业人员论证，草原主管部门审批，允许种植优质青贮饲料作物及牧草。种植优质青贮饲料作物及牧草面积 10 hm² 以上的，政府免费给予修建工程围栏进行保护，每 5 hm² 草原打 1 口 6 寸（1 寸 ≈ 0.033 m）灌溉井，并配套灌溉设备用于饲草饲料种植。凡参与合作社的养殖户，养殖规模在 20 头以上的，凡修建 30 m³ 以上永久性（砖混或混合结构）微贮窖，每个微贮窖补贴 2 000 元；购买粗饲料加工机械，除享受国家政策补贴外，县政府另外给予 30% 的补贴。对在通榆投资红牛产业发展的域内外较大型企业，除享受通榆县招商引资政策外，育肥企业享受"三通一平"（即：通公路、通电、通水、土地平整）政策；投资屠宰加工及附属设施企业享受"七通一平"（道路、供水、排水、供电、供热、供气、通信、土地平整）政策。对通榆红牛无形资产的经营和使用权，根据发展需要可与投资商进行转让商谈。各相关部门要为在通榆投资红牛产业发展的企业提供绿色通道，优先办理各种审批手续，为企业打造一个良好的发展环境。认真贯彻执行《畜牧法》《种畜禽管理条例》等法律法规，依法保护和开发通榆红牛品种资源，推进通榆红牛产业沿着法制化轨道健康发展。

——以组织做纽带。他们决定，全面提升红牛产业经营的组织化程度，为规范发展提供保障。成立由主管副县长兼职理事长的通榆红牛协会，为养殖户提供政策咨询、资金协调、市场营销、技术保障等服务。推行养牛经济合作社。由乡（镇）场和投资产业发展的企业共同成立合作社，重点扶持、引导养殖大户、养殖场、经纪人按照《中华人民共和国农民专业合作社法》规定，自主成立户户联合、场户联合、企业场户联合的生产经营型的经济联合实体，提高牧业生产组织化程度，从根本上解决小生产与大市场的有效对接。"十二五"时期，每个村（分场）至少建1个通榆红牛养殖合作社。

——以品牌建平台。《意见》突出强调，强化品牌开发，努力开拓市场，最终为高端发展搭建好平台。瞄准国内外高档消费群体，生产优质高档、高附加值的通榆红牛肉，通过通榆中国草原红牛肉地理标识的认证和知名商标的注册工作，按不同部位分割，以不同价格销售，实现通榆红牛的优质优价。在繁育、育肥和深加工等生产环节，坚持标准，严格按品种、育肥技术规程、加工工艺等技术要求操作。充分整合全县的品牌资源，形成合力，共同开拓市场。积极探索和尝试媒体广告、专家名人效应、品尝会、发布会等形式，努力树立市场形象，形成品牌效应。积极创造条件建设通榆红牛交易市场，改革交易计量办法，形成通榆红牛集散地，积极开拓国际市场，融入国际大流通。

《意见》要求，切实加强组织领导，为强劲发展作保证。该县政府成立由县长为组长的通榆红牛产业发展领导小组，负责研究制定产业发展有关政策，解决发展中遇到的各种问题。各乡（镇）场正在将加快通榆红牛产业发展纳入重要日程，分别结合实际，详细制订具体发展规划和实施方案，积极在红牛产业中抢机遇，快发展。

通榆作为典型的牧业县，正在承接着新时期现代牧业经济建设的东风，心系兴牧富民强县的美好愿景，红牛产业必将引领区域农村经济实现新的跨越！

第二章 遗传标记文献综述

第一节 分子遗传标记发展历史及进展

一、基于 Southern 杂交技术的分子标记

RFLP 标记，即限制性片段长度多态性（Restriction Fragment Length Polymorphis-m，RFLP），是 20 世纪 80 年代初发展的第一代分子标记技术[2]。其原理是检测 DNA 在限制性内切酶酶切后形成的特定 DNA 片段的大小，因此凡是可以引起酶切位点变异的突变如点突变（新产生和去除酶切位点）和一段 DNA 的重新组织（如插入和缺失造成酶切位点间的长度发生变化）等均可导致 RFLP 的产生。

RFLP 技术主要包括以下基本步骤：

（1）基因组 DNA 的提取、用特定的限制性内切酶酶切 DNA、将产生的限制性片段与特异设计的接头（adapter）连接。

（2）按此得到的限制性片段称为"带标签的片段"。这种片段很容易在与接头互补的引物存在时，进行标准的 PCR 扩增。

（3）PCR 产物经琼脂糖凝胶电泳或 PAGE、EB 染色或银染后，清晰呈现片段长度的多态性[3]。分开 DNA 片段、把 DNA 片段转移到滤膜上、利用放射性标记的探针显示特定的 DNA 片段（通过 Southern 杂交）、分析结果。探针为单拷贝或低拷贝的 DNA 克隆（cDNA 或基因组 DNA），呈共显性遗传。

RFLP 在遗传分析中得到了广泛的应用，它能在 DNA 水平上直接测定遗传变异，与传统的遗传标记相比，其具有以下优点：① RFLP 标记无表型效应，其检测不受外界条件、性别及发育阶段的影响；② RFLP 标记等位基因间是显隐性的，非等位基因间几乎不存在上位效应、互不干涉；③ RFLP 起源于基因组 DNA 的自然变异，这些变异在数量上几乎不受限制，可以选取足够数量能代表基因组的 RFLP 标记。其缺点是：RFLP 与内切酶的选用密切相关，只能选用一定的内切酶，某个位点才可能表现出多态性；而且它不能检测出酶切后相同长度 DNA 片断内的碱基变异；操作复杂，耗时费力成本高。

二、以 PCR（聚合酶链式反应）为基础的分子标记

PCR 技术问世不久，便以其简便、快速和高效等特点迅速成为分子生物学研究的有力工具，尤其是在 DNA 分子标记技术的发展上更是起到了人们始料不及的巨大作用。

（一）选择区域扩增多态性（Amplified Fragment Length Polymorphism，AFLP）

AFLP 是 1993 年由荷兰科学家 Zabeau 和 VosPieter 建立的一种检测 DNA 多态性新方法，即扩增的片段长度多态性[4-5]，获得欧洲专利局专利。原理是基因组 DNA 双酶切的限制性片段的选择性扩增，由于不同基因组 DNA 和酶切片段存在差异，从而产生扩增产物的多态性。主要程序是首先利用四碱基和六碱基限制性内切酶双酶切基因组 DNA。然后将所产生的限制性片段两段分别连接一双 DNA 接头（adapter），接头长度一般是 14 ～ 18 个核苷酸，由核心顺序和内切酶位点特异序列组成接头与基因组 DNA 的酶切片段相连接作为扩增反应模板。最后根据 DNA 接头及酶切位点的碱基序列。引物是一种人工合成的单链寡核苷酸，长度一般为 18 ～ 20 个核苷酸，由核心序列 CORE（即人工接头上的结合部位）、限制性内切酶位点特异序列（ENE）、选择性核苷酸序列（EXT）三部分组成。选择性核苷酸序列延伸到酶切片段区，那些两端序列与选择性核苷酸配对的限制性片段被扩增。扩增片段通过变性聚丙烯酰胺凝胶电泳分离检测。检测基因组因限制性酶切位点、选择性碱基结合位点所发生的碱基突变、插入、缺失或替换而产生的扩增片段有无多态，或因两选择性引物结合位点区域间存在碱基插入、缺失或替换而导致的扩增片段长度的多态[6]。AFLP 多态性检测效率之所以高，主要由于它在一次 PCR 扩增中能够检测到

大量的多态性位点，而不是因为每个位点具有丰富的等位基因形式。袁力行（2000）[6]SSR 标记位点的平均多态性信息量（PIC）最大（0.54），AFLP 标记位点最小（0.36），但 AFLP 标记具有最高的多态性检测效率（Ai，32.2）。

AFLP 效率之所以高，主要因为它在一次 PCR 扩增中能够检测到大量的多态性位点，而不是因为每个位点具有丰富的等位基因形式。AFLP 和 RAPD 为显性标记，理论上每个位点仅有 2 个等位基因形式。AFLP 技术结合了 RFLP 和 PCR 技术的特点，具有 RFLP 的可靠性和 PCR 技术的高效性。由于 AFLP 产生的多态性远远的超过了 RFLP、RAPD 等技术，因而被认为是指纹图谱技术中多态性较丰富的一项技术，其多态性丰富，一般可检测到 40 ～ 150 个扩增产物；呈共显性表达，不受环境影响，无复等位效应；带纹丰富，灵敏度高，快速高效，如一个 0.5 mgDNA 样品，可作 4 000 个反应，获 8 万个标记，650 万个条带纹。而且，AFLP 稳定性好，重复性强，由于 AFLP 采用的限制性酶种类很多，则标记数目多，故 AFLP 非常适合绘制品种的指纹图谱及分类研究。但由于 AFLP 已申请专利，使用起来较为昂贵；AFLP 分析需要同位素或非同位素标记引物，必须具有放射性同位素操作过程的特殊防护措施以及配套的仪器装置，且对 DNA 纯度和内切酶的质量要求较高；AFLP 大部分的标记呈共显性遗传，操作不如 RAPD 简便。

AFLP 分析方法是：提取样本 DNA →进行浓度和质量检测→选择限制性内切酶（一般为 MseI 和 EcoRI）→在适宜的缓冲体系中酶切，酶切片断与接头相连（在 T4 的作用下）→形成带有接头的特异性片断→用磁珠（粉）在 STEX 的盐溶液中反复清洗 2 ～ 3 次→选择带有特定接头性状的片断→ PCR 扩增→利用同位素（32P 或 33P）标记 PCR 引物→选择扩增反应→ PCR 变性产物在聚丙烯酰胺变性胶（含尿素）上电泳→把凝胶转移到滤纸上→用干胶仪处理→在 X 片上感光→数周后清洗胶片分析结果。

AFLP 技术主要应用于鉴定品种，检测品种质量和纯度。

（二）随机扩增多态性 DNA（Random Amplified Polymorphic-DNA，RAPD）

RAPD 标记是美国 Williams 和 Welsh 等在 PCR 技术基础上发展起来的一种 DNA 多态标记，它利用一系列碱基顺序随机排列的寡核苷酸单链为引物，对靶基因组 DNA 进行 PCR 扩增，扩增产物经凝胶电泳分离。其特点包括：① 不需 DNA 探针，设计引物也不需要知道序列信息 [7]；② 用一个引物就可扩增出许多片段（一般一个引物可扩增 6～12 条片段，但对某些材料可能不能产生扩增产物），总的来说 RAPD 在检测多态性时是一种相当快速的方法；③ 技术简单，RAPD 分析不涉及 Southern 杂交、放射自显影或其他技术；④ 不象 RFLP 分析，RAPD 分析只需少量 DNA 样品；⑤ 成本较低，因为随机引物可在公司买到，其价格不高；⑥ RAPD 标记一般是显性遗传（极少数是共显性遗传的），这样对扩增产物的记录就可记为"有 / 无"，但这也意味着不能鉴别杂合子和纯合子；⑦ RAPD 分析中存在的最大问题是重复性不太高，因为在 PCR 反应中条件的变化会引起一些扩增产物的改变；但是，如果把条件标准化，还是可以获得重复结果 [8]；⑧ 由于存在共迁移问题，在不同个体中出现相同分子量的带后，并不能保证这些个体拥有同一条（同源）的片段；同时，在胶上看见的一条带也有可能包含了不同的扩增产物，因为所用的凝胶电泳类型（一般是琼脂糖凝胶电泳）只能分开不同大小的片段，而不能分开有不同碱基序列但有相同大小的片段。

（三）线粒体 DNA（mtDNA）标记

mtDNA 是高等动物唯一的核外遗传物质，是一种约 16.5kb 的双链超螺旋环状分子。其基因结构、遗传密码和复制具有一些不同于核基因组的特点。遗传方式为母性遗传，比核 DNA 更高的进化速度，采用滚环型半保留复制，也有特殊的 D 环（D-loop）复制。由于碱基取代、长度变化和序列重排等造成了 mtDNA 的多态性。故可用限制性酶切技术直接探察 mtDNA 多态性。通过对 mtDNA 多态性分析，可以了解群体遗传结构、基因流动及系统发育等方面情况。近年来对人类 mtDNA 与疾病关系的研究发现，许多不遵守孟德尔遗传规律。这为该技术的应用提供了广阔前景。

（四）单核苷酸多态性（Single Nucleotide Polymorphism，SNP）标记

同一位点的不同等位基因之间常常只有一个或几个核苷酸的差异，因此在分子水平上对单个核苷酸的差异进行检测是很有意义的。目前 SNP 作为一种新的分子标记，属第三代分子标记技术，已有 2 000 多个标记定位于人类染色体上，在植物上也在进行开发研究。可在胶上也可不在胶上就能检测出 SNP，但检测 SNP 的最佳方法是最近发展起来的 DNA 芯片技术。

第二节　微卫星标记技术的研究历史、原理及进展

一、微卫星标记概念

微卫星 DNA 是短的、串联的简单序列重复（Simple Sequence Repeat，简称 SSR），它的组成基元为 1 ～ 6 个核苷酸，例如（CA）$_n$、（CGA）$_n$、（GACG）$_n$ 等，由于这些序列广泛存在于真核细胞的基因组中，且由于串联重复的数目是可变的而呈现高度的多态性，以及在单个微卫星位点上可作共显性的等位基因分析，杂合子比例高，信息含量大，以及其保守性等特点，使其引物可在不同实验室交流，并适合自动化操作等优点，近年来微卫星标记作为比较理想的分子标记广泛应用于遗传图谱的构建、居群遗传学以及系统发育的研究之中。它以高度的多态性信息量和 PCR 技术的方便性使其表现出更大优势。

重复 DNA 序列是真核细胞的基因组中的一种完整的组成成分，在牛基因组中，约 188 kb 中，含有一个（AC/TG）$_n$ 微卫星。根据重复 DNA 序列在基因组中组织方式不同，可分为散布和串联重复序列两种。分散的重复序列单元分布在整个基因组的许多位点上。最常见的散布重复序列为 Alu 家族。人 Alu 家族由长度大约 280 bp 的重复序列构成，这些重复序列在人基因组中出现次

数达 75 万次，平均每 4 kb 就有一个。串联重复序列的基元以首尾相连的方式在基因组 DNA 上排列。虽然某些基因，例如组蛋白和 rRNA 的转录单位也是这样的组织方式，但大多数串联重复 DNA 是非编码的，它们没有明确功能。根据串联重复序列基元的长度，拷贝数以及它们在基因组 DNA 上的位置，可将串联重复序列分为卫星 DNA、小卫星 DNA、微卫星 DNA 和中卫星 DNA 等。

在基因组中，有些高度重复的 DNA 序列的碱基组成和浮力密度同主体 DNA 有区别，在浮力密度梯度离心时，可形成不同于主体 DNA 带的卫星带，卫星 DNA（SatelliteDNA）的名称由此产生。卫星 DNA 的重复基元一般为五个至几百个核苷酸，但在任何位点，卫星 DNA 重复序列的整体大小为 100 kb ～ 1 Mbp，这些高度重复的序列具有很高的复性速率，通常在染色体的异染色质区生出。异染色质与代表基因组大部分的常染色质不一样，在染色体的着丝粒部位普遍发现，它是染色体的永久的紧密螺旋区域而且是惰性的。

Jeffeys 等（1985）第一次用杂交方法证实了人类基因组上小卫星高变区的存在，正式提出小卫星（Minmsatellite），奠定了 DNA 指纹技术的基础。小卫星 DNA 组成的重复基元通常为 10 ～ 60 bp，每个位点的总体长度大为 100 至 2 000 bp。它主要可分为两类：一类是端粒，端粒 DNA 包括 10 ～ 15 kb 的六核苷酸重复（主要是 TTAGGG），它的主要功能是保护染色体末端在复制时的降解。有人还认为在细胞分裂时，端粒 DNA 对染色体的配对及定位起重要作用；另一类小卫星 DNA 则是高度变异的小卫星 DNA，因为每个位点重复数是高度变异的，在不同的个体间呈现高多态性，因此被广泛地应用于亲子鉴定等方面。微卫星在结构上类似小卫星，区别为：微卫星的核心序列更小，且在基因组中呈均匀分布；而小卫星的核心序列稍大，约为 10 ～ 25 bp，且分布于非编码区。M13 重复序列目前已成为检测 DNA 指纹最常用的小卫星探针之一。

微卫星 DNA 又称为短串联重复序列（Short Tandem Repeat，STR）。微卫星 DNA 重复基元为 1 ～ 6 个核苷酸，大小一般在几十 bp 至 100 bp，且平均分布在真核生物基因组中，在人的基因组中，微卫星 DNA 重复数目一般随其重复基元大小的增加而减少。例如，单核苷酸重复位点尤其是 A 或 T 重复位点在人的基因组中共出现 50 万次，而 5 核苷酸重复位点只有几十个。Hrabcova 等（2003）报道，2 核或 3 核苷酸重复的微卫星位点的丰度还与重复基元的起始和终止核苷酸有关，例如，（TTG）$_n$TT 在人类的基因组中出现 635 次，而（GTT）$_n$GT 仅出现几次。Weber 还根据微卫星本身的结构分成 3 类，即完全（perfecr）、不完全（imperfect）和复合（compound）的微卫星[9]。由于具有分布广泛、多态性丰富、易于检测、呈孟德尔共显性遗传等特点，被认为是各类遗传标记中最有价值的一种[10]。

二、微卫星 DNA 的发现及命名

微卫星 DNA 多态性研究是继 RFLP 之后发展起来的第二代分子遗传标记技术。Skinner 等早在 1974 年于寄居蟹中识别了卫星 DNA 的一类短串联重复序列是（TAGG）$_n$（ATCG）$_n$。此后，对这种类型 DNA 在人类和动物中的发生与分布做了大量研究。Tautz 和 Renz（1984）发现这种短的重复是真核基因组独有的，并称为"简单重复"。直到 1986 年 Ali 等首次将合成的 1 ～ 4 bp 寡核苷酸用于人的指纹研究后才引起重视，同时也拉开微卫星研究的序幕。尤其是 PCR 技术的发展和 20 世纪 90 年代初关于序列示踪微卫星位点的提出。1988 年 Jeffeys 和 Gao 等人进一步将这种简单重复序列发展成为一种新的分子标记。1989 年 Litt 等在心肌动蛋白的基因内扩增了一种 2 核苷酸重复，这是在真核生物基因组中存在一类特殊的重复 DNA 序列，其典型的重复单位仅为 1 ～ 6 个核苷酸，重复次数 10 ～ 20 次，这种简单的重复被正式命名为微卫星（microsatellite）[11]。Edwards 等（1991）又称为"简单序列重复 DNA"。微卫星具有高度多态性、多等位基因、等显性遗传、丰富而广泛分布于整个基因组等特点，因此，被广泛应用于基因定位[12、13]、连锁分析[14、15]、亲子鉴定[16、18]和群体遗传研究[19]。1991 年和 1993 年召开的有关 DNA 指纹的两次国际会议上，将这些基于 PCR 的 RFLP、SSR、AFLP 等发展起来的检测 DNA 多态性的分子标记技术称为 DNA 指纹技术。

微卫星 DNA 广泛且均匀分布在大多数真核及少数原核生物基因组中。据估计，真核生物基因组中每隔 10 ～ 15 kb 就存在一个微卫星 DNA[20]。Nicola

（1995）研究表明，在哺乳动物的每个基因中至少存在一个微卫星 DNA。家禽类基因组中微卫星 DNA 分布密度相对较低，大约每隔 20 ～ 39 kb 存在一个微卫星 DNA。根据 Epplen（1998）提供的计算微卫星 DNA 可能种类的公式 $N = 4^n - 1 + 2$。$N-$ 单位数；$n-$ 重复序列内长度（碱基数）。由此可知，2 核苷酸重复单位有 6 种，3 核苷酸重复单位有 18 种，4 核苷酸重复单位有 66 种。在不同物种中各核苷酸重复单位的含量不同，在人基因组中，微卫星重复单位以（TG）$_n$ 最多，其次为（TC）$_n$、（TGC）$_n$ 等。Ellrgren（1992）报道牛中的（TG）$_n$:（TC）$_n$ = 7∶1，而 Vaiman（1994）认为牛的（TG）$_n$:（TC）$_n$ = 3∶1。在不同物种的染色体的不同区域微卫星的种类也有所不同，如微卫星 DNA 种类在编码区和非编码区分布是有相当大区别的，且在内含子和基因之间区域也存在着较大差异。在所有物种的蛋白质编码区 3 核苷酸重复和 6 核苷酸重复的微卫星 DNA 占优势。在所有脊椎动物的基因之间的区域（CCG）n、（CGG）n^3 核苷酸重复的丰度相对较高，而在内含子中几乎没有这种基序[21]。微卫星 DNA 广泛且均匀分布的特点为其研究提供基础。

三、微卫星 DNA 多态性及其机理

（一）微卫星 DNA 多态性

微卫星位点由微卫星核心序列与其两侧的侧翼序列构成。侧翼序列使微卫星特异地定位于染色体某一部位，而微卫星本身重复单位变异则是构成微卫星多态性的基础。这种多态性信息量是比较丰富的。微卫星核心序列重复数愈多，即重复次数愈多时，其等位基因数相对就愈多，即多态性愈高。在细胞有丝分裂或减数分裂过程中由于 DNA 的不均等交换，使小卫星区的串联重复数目发生扩增或减少，从而演化出高度的长度多态性。微卫星核心序列虽然是重复的，但其侧翼序列在基因组中却是以单拷贝形式存在。因此微卫星具有位点特异性，可进行微卫星位点的定位。在微卫星 DNA 中突变的速率与串联重复排列的大小成正相关。某一个体基因组中两条同源染色体的相对（侧翼序列相同）位置上如两测翼序列间所包含的微卫星重复单位数相同，则该个体在该

微卫星位点基因型是纯合的；如微卫星重复单位数不同则是杂合基因型。通过一个小卫星探针的杂交，就可以同时探测出许多高度可变的小卫星位点，为遗传分析提供一个具有个体特异的 DNA 指纹图谱（fingerprint）[22]。Weber 等（1990）对人的基因组中的（CA）$_n$ 研究表明，当 n 低于 12 时，微卫星主要表现为单态性，超过这个阈值时出现多态可能性随微卫星的长度而增加。Ranajit 等（1997）指出，正常情况下微卫星位点的突变率与其基序成负相关，2 核苷酸基序的突变率比 4 核苷酸基序的突变率高 1.5 ~ 2.0 倍，3 核苷酸基序的突变率位于 2 核苷酸基序与 4 核苷酸基序之间 [23]。微卫星一般只能探测一个座位，但多态信息含量可达 0.7 以上。

（二）微卫星 DNA 多态性产生的机理

关于微卫星突变的机理目前我们还不清楚。已有的假说主要包括 DNA 复制和修复过程中单链滑动错配假说、染色体减数分裂时姊妹染色单体不均等交换机理、重组假说 [24]，还有其他的推测集中到 DNA 聚合酶的校对功能上，而不是去讨论单独错配的修复系统。在大肠杆菌（E.coli）中得到的结果表明，改变重组频率突变不影响 SSR 位点突变是由于 DNA 复制是两条链滑动和以后不能修复的错误配对，因此单链滑动错配假说更具有说服力。单链滑动错配估计是在滞后链的合成过程中发生的，在滞后链合成过程中，当 DNA 聚合酶复合体与模板解离时，新合成的 DNA 链会出现滑动现象，这种滑动会使新合成的 DNA 链产生一个暂时的凸起，在以后的 DNA 修复过程中，机体会将此凸起去除掉，或者会使重复沿长，从而增加或减少一个或几个重复。

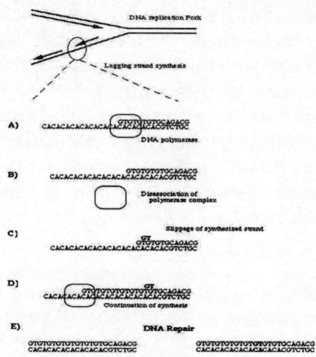

（A）DNA 复制；（B）DNA 聚合酶与模板解离；（C）滑动错配；
（D）因滑动错配产生 DNA 突起；（E）增加或减少一个重复

（三）微卫星位点保守性及其应用

大多数微卫星具有种特异性和家系特异性。YangL 等（1998）用 5 个牛微卫星位点做研究，其中 3 个牛微卫星位点在 4 个山羊品种中获得另外特异扩增产物。DeGortare 等（1997）[25] 研究表明，58%（605/1036）牛的微卫星引物能在绵羊中扩增出特异性产物，其中 40%（409/1036）呈现多态性。Moore 等（1992）研究发现，牛的 13 个微卫星探针引物有 6 个能在绵羊基因组中产生 DNA 指纹图，绵羊的 4 个微卫星探针有 2 个能在牛基因组产生 DNA 指纹图。许多研究表明反刍动物中牛、绵羊和山羊 3 个物种在染色体水平上具有高度相关性，因此，可用牛微卫星位点来构建绵羊或山羊遗传基因图谱。这些说明微卫星位点在紧密相关的物种中，具有位置保守性。这使得我们能在相关畜种间使用跨物种引物进行研究，从而更快、更准确地找到物种中更多的微卫星。

（四）目前寻找微卫星位点的途径

利用微卫星位点的保守性，从公用 DNA 序列数据库（Genbank 和 EMBL）或从已发表的有关文献中查找所要研究物种的微卫星 DNA 两翼序列或引物，然后以相近物种基因组总 DNA 为模版，用已知引物进行扩增并进行多态性分析，再对这些特异扩增产物进行测序，以获得待研究物种具有高度多态性的微卫星位点。本实验采用此方法。但局限性是：所研究基因序列是已知的，不能反映整个基因组。此方法无疑在时间和费用上都是最经济的。

如果从近缘和现有 SSR 引物中筛选不到所需引物，最根本方法是构建 cDNA 文库。直接从基因文库中筛选微卫星位点。其方法是首先构建基因组文库，如小插入片断文库，然后用含微卫星核心序列的寡聚核苷酸探针筛选阳性克隆，测序弄清微卫星的结构及其侧翼序列，根据侧翼序列设计和合成引物，PCR 扩增并分析微卫星的多态性，然后将 PCR 产物在变性凝胶电泳分型。其缺点是：需要很多时间。目前用于微卫星研究的基因组文库分为 3 类：小插入片断文库、大插入文库片断及染色体特异文库。

（五）微卫星技术的发展

最近在 SSR 技术之上产生一种新型分子标记技术 ISSR 技术。用于 ISSR 技术 PCR 扩增的引物通常为 16 ～ 18 个碱基序列，由 1 ～ 4 个碱基组成的串联重复序列和几个非重复的锚定碱基组成。从而保证引物与基因组 DNA 中 SSR 的 5′ 和 3′ 末端结合，用 PCR 反应 SSR 之间的 DNA 片段。ISSR 为显性标记，呈孟德尔遗传，具有很好的稳定性和多态性。基于微卫星 DNA 指纹图谱技术现已广泛应用于法医（Gill，1985）[25]；野生动物交配行为的生态学研究工作中，Wetton 等（1987）[26]、Kuhnlein 等（1989）[27]、Haberilfeld 等（1991）[28] 根据指纹图谱对家禽品系间的遗传距离进行了估测；Wetton 等（1987）[29]、Gilbert 等（1990）分别对家雀和狐狸野生群体的遗传变异进行了研究；Reeve 等（1990）[30] 探索了野狐狸群中 DNA 指纹谱型和群体近交程度相关性；Ellegren 等（1991）[31] 用 DNA 指纹图谱应用于不同马种的群体比较和特征分析。这些研究均表明：DNA 指纹图谱准确地反映了各群体的遗传特征。

在 SSR 技术之上产生的另一种新型分子标记技术是随机扩增微卫星 DNA 多态性（RAMPs），其综合了微卫星 DNA 和随机扩增多态 DNA（RAPD）两种标记的优点，可用来快速检测动植物群体的遗传变异及分离新的微卫星 DNA。

四、微卫星标记在牛的遗传育种中的研究进展和历史

建立遗传连锁图谱是基因组研究分析的先决条件。而在哺乳动物中微卫星标记又是构建遗传连锁图谱最理想的分子标记。目前，人类、小鼠、牛、猪等微卫星标记特性及遗传连锁图谱构建研究非常深入。由于微卫星寡聚核苷酸重复次数在同一物种的不同基因型间差异很大，所以，这一技术很快被发展。微卫星 DNA 标记已被广泛应用于动物基因图谱的构建、群体遗传结构分析、寻找与生产性状位点相连锁的遗传标记、制作 DNA 指纹图、进行亲子鉴定和血缘控制、标记辅助选择等方面，对微卫星标记研究不仅具有重要的理论意义，而且还具有较好的应用前景。

（一）微卫星标记在牛遗传育种中的具体应用

1. 构建牛的遗传连锁图谱

绘制高精度动物遗传图谱的目的就是了解基因组结构、性状控制的分子基础和最基本方法。可以借微卫星标记准确确定数量性状位点（QTL）在基因组中的位置和准确确定控制数量性状座位在基因组中的位置，是"位置克隆"（position cloning）[33] 的首要一步。微卫星标记因具有许多优点而成为构建动物遗传图谱首选，其基本思路是以微卫星为基础，在基因组中每隔一定距离找一个多态微卫星标记，当这些标记达一定饱和度时（平均间隔不大于 20 cm 并覆盖 90% 以上基因组），既可借助这些微卫星标记找到基因组中任何表型的功能基因或 QTL，并对其进行操作和利用。目前，国际上有一个牛基因组计划研究组，此外，美国和欧盟国家都有自己的研究项目 [34]。1994 年 Barendse 首

次用微卫星标记作牛的遗传连锁图；Bishop 等（1994）构建的牛遗传连锁图谱中有微卫星标记 310 个；Barendse（1997）绘制中等密度牛遗传连锁图，共有 746 个标记，其中 601 个为微卫星标记，其余为 SSCP、SLM、RFLP 等，连锁图总长度为 3 532 cm，所有标记的平均距离为 5.3 cm；到 2001 年 3 月底，由基因数据库收集到 1 742 个牛的微卫星标记。罗斯林研究所牛基因组收据库中的基因位点也有 2 338 个，微卫星标记为 1 285 个。Kappes 等（1997）发表的牛的第二代基因连锁图上有 1 236 个多态标记，图总长 2 990 cm，常染色体上标记的平均距离为 2.5 cm。美国农业部构建了牛基因图谱框架（平均标记间 8.9 cm）其中含 313 个标记，244 个微卫星标记。微卫星标记在牛基因图谱构建中起着决定性的作用。

2. 群体遗传结构分析、杂交优势预测和起源研究

微卫星多态性分析在畜禽多样性评价、品种资源分类、保护和利用方面发挥作用。Nei 等（1994）认为微卫星比传统的血液、蛋白多态座位更具有多态性，根据其计算出遗传杂合度在 0.3 ～ 0.8，因此在估计亲源关系较近的遗传距离以及绘制系统发育树更为精确和高效[35]。

可利用微卫星 DNA 多态性和共显性遗传等特点，检测个体基因型，统计出群体水平上微卫星位点等位基因的数目及频率，结合分子群体遗传学和数量遗传学原理，计算各个品种平均遗传杂合度和彼此间遗传距离，进行系统聚类。Nei 等认为微卫星比传统的血型、蛋白质多态座位更具多态性，因此在估计遗传距离，尤其是亲缘关系较近的种群间，以及绘制系统发育树时显得更为精确和高效[36]。Medjugorac（1990）[37] 用生化多态性标记分析欧洲 14 个牛品种的遗传结构。Autbuhob（1983）用 DNA 分子杂交方法研究了 5 个猪种的遗传差异后指出，品种间的遗传相似程度可作为经济杂交选配亲本的依据。Machugh 等（1994）用 2 个微卫星位点分析 36 个不同品系的欧洲牛间的遗传距离，建立树状图，显示的结果与已知各品系的遗传历史一致[38]。Roberta 等（1995）[39] 利用微卫星 DNA 技术对意大利 4 个品种牛的遗传变异进行了分析，从相似系数和遗传距离结果看，Chianina 处于中间，Piemontese 牛相距较远，Mardingiana 牛和 Romagnola 牛相距较近。Peelman 等（1996）[40] 和 Martin 等

（1996）[41] 用微卫星标记法对国内外不同牛品种进行了遗传分析。曹红鹤等（1997）[42] 利用 5 种微卫星 DNA 标记在肉牛群体中的研究，计算了皮埃蒙特牛、南阳牛及其杂种的 PIC 值。孙少华等（1999）[43] 利用 6 个微卫星位点分析 8 个肉牛杂交亲本群体，计算遗传距离并绘制系统聚类图，清楚客观的反映 8 个牛群的地理分布，遗传分化特点及亲缘关系远近特点。王栋等（2000）[44] 利用 4 种微卫星标记对 5 个牛品种进行遗传机构与遗传变异分析，也得到合理的结果。吴伟等（2000）[45] 利用微卫星 DNA 标记对 5 个中外黄牛品种 / 群体遗传结构进行研究表明：延边牛和韩牛为一类，南阳牛与杂种牛为一类，西门塔尔牛自成一类，但西门塔尔牛与延边牛及韩牛的关系更近一些，都属普通牛。

遗传距离是表示两个种群间差别的大小。既反映群体间遗传变异的大小，其实质为基因频率大小的变化。现代杂交优势理论认为：杂交优势大小在一定程度上取决于亲本间遗传变异的大小，即遗传距离。以往的研究表明，杂交优势的大小与遗传距离的关系极为复杂，呈曲线关系。Ahaned（1982）以血型为标记，发现牛品种间的遗传距离与杂种优势呈正相关关系。Gramal 等（1994）分析了 9 个品种牛的血型和血液蛋白等的基因位点，并计算了亲本间的遗传距离，指出亲本间的遗传与后代产奶量的杂交优势呈正相关。

3. 用微卫星制作 DNA 指纹图

利用微卫星制作 DNA 指纹图进行个体、品系、品种的鉴定是微卫星标记最早应用。DNA 指纹图通常由几条到几十条带组成，在多个物种上的研究表明，它是独立遗传的。一个探针能够检测基因组数十个位点的变异性。可以利用的核心序列作为多位点探针，同时检测多个位点。目前用于研究牛的较好的探针有（TG）$_n$、（GTG）$_n$、（GGAT）$_4$、（GT）$_8$、（GAG）$_n$ 等。刘世贵等（1994）用人的微卫星 DNA33.15 和 33.6 探针研究牦牛的 DNA 指纹，通过 10 头无亲缘关系个体的 DNA 指纹图分析，结果随机两个体间有相同图谱的概率仅为 5.0×10^{-6} 和 7.6×10^{-9}，具有高度的个体特异性。据 Jeffrys 的计算，子代中由于突变出新带的可以性很低，故指纹图具有特异性。

4. 用于基因定位及 QTL 分析

家畜的经济性状多属数量性状，由于控制数量性状的 QTL（QuantitativeTraitLocus）总数多，且在基因组上分布广，要逐个找出与之连锁的 SSR 位点所需探针数目十分庞大，多位点 DFP 技术可同时对基因组上许多位点进行检测。尽快找到它们重要经济性状（如产奶量、日增重、抗病性等）基因座位（ETL 或 QTL）和与之连锁的遗传分子标记，以便使用标记辅助选择（MAS）来加快牛的改良速度，获得更高生产效率和更好的经济效益。使用 3 ~ 7 种检测不同位点的多位点 DFP 探针，就可能找到与任一 QTL 连锁的 DFP 位点。利用微卫星标记与某些功能基因或 QTL 间的连锁关系，可将一些功能基因或 QTL 定位在某个染色体上或连锁群中。采用现代分子育种技术和新方法，采用 DNA 指纹法、RAPD 技术、候选基因法、RFLP 技术、差异显示法、微卫星标记等分子生物技术，检测和寻找草原红牛产肉性能的主效基因及其与之相连锁的各种分子遗传标记，全方位地为草原红牛肉用品系提供尽可能的分子遗传基础资料。George 等（1995）在黑白花奶牛中，利用基因图谱中的 159 个微卫星标记进行定位，发现 9 号染色体上有一个显著提高奶牛产量的 QTL 基因；第 6 号和第 20 号染色体上各有一个能增加产奶量但使乳脂率和乳蛋白率降低的 QTL；第 1 号和第 10 号染色体上分别存在影响奶成分的 QTL[46]。引起牛双肌现象的 MH 基因定就位于牛的第 2 号染色体上。Charlier 等（1995）在对比利时蓝牛的研究中发现，TGLA44 与牛的双肌基因相连锁[47]。曹红鹤等（1999）证明在皮埃蒙特牛中也存在此基因[48]。Napolitano 等（1996）研究皮埃蒙特牛与契安娜杂种牛的生产性能与微卫星 DNA 相关性发现，IDVGA46 及 IDVGA2 均与肉牛的体高、胸深及胸宽等性状显著相关[49]。曹红鹤等（1999）证明 IDVGA46 中，含有等位基因 205bp 的个体在腰厚方面有明显的优势，而等位基因 211bp 与肩部发育呈负相关，该等位基因在皮埃蒙特牛中不存在[50]。Ashwell 等（1996）采用选择基因型分析方法，提高微卫星 513bp 将一个控制奶牛体细胞评分的 QTL 定位于牛 23 号染色体上[51]。徐宁迎等（1999）采用孙女设计方法，发现某些染色体上存在一些与乳用性状紧密连锁的 QTL 区域，特别是 14 号染色体，这些区域对产乳量、乳脂率和乳蛋白的含量都有极显著影响[52]。Schrooten 等（2000）将与奶牛妊娠期有关的 QTL 定位在 13 和 19 号染色体上[53]。

5. 个体和亲缘鉴定与血缘控制

现代畜禽生产和育种中，通常要利用畜群系谱图，根据亲属信息来确定个体的选留，因此系谱准确程度是很重要的，然而在某些情况下却不能判断该个体的亲代，利用微卫星多态性，即以多个微卫星位点在该群体中等位基因的频率为基础，虽然后代和双亲本间的图谱不一样，但后代每一条带都可以在双亲之一的图中找到，通过计算排除概率，便可进行亲子鉴定与血缘控制。GlowatzaiMullis 等（1995）用分属不同染色体上 6 个多态微卫星成功地解决了以前血型鉴定无法判定的 35 头牛的血缘控制问题。Heyen 等（1997）研究表明，组合 22 个微卫星位点，可使鉴定准确率达到 99.99%。由此可见，微卫星分析代替传统的血型、DNA 指纹及图谱等分析方法进行亲缘鉴定与血液控制是有巨大的应用潜力。

6. 用于辅助标记选择（MarkerAssistedSelection，MAS）

微卫星应用于标记辅助选择具有很大的潜力。它将使人们用分子生物学技术推测个体基因型，在估计个体表型值和育种值，其原理就是利用已建立起来的基因图谱，根据微卫星与某些重要经济性状座位的连锁不平衡，采取适当的数学统计、定位 QTL 于基因组某一位置，并得出单个 QTL 产生的效应值。计算机模拟表明，标记辅助选择相对于传统的表型选择来说，可以获得更大的育种进展，尤其对于低遗传力性状、限性性状和后期表达性状，能增大选择强度，缩短世代间隔提高选择的准确性。同时有目的地导入有益基因，剔除不利基因，以此提高群体生产性能或生活力，缩短育种年限。需要强调的是标记辅助选择并不能完全代替传统选择方法，只有两者结合，才能获得最大的选择进展。

7. 进行流行病和遗传学调查和疾病诊断及治疗

由于微卫星具有的能反映基因组的变异性；具有高度的变异性；具有简单、稳定的遗传性；具有体细胞稳定性等特点。在人类的流行病调查和疾病诊断及治疗中得到应用。现已在 Wilson 病、外周神经纤维瘤、vWD 病的研究中得到应用。在家畜中用分子遗传学基因技术研究发现的遗传缺陷多数均是使用微卫星标记后发现的。例如，德国 Brauvieh 奶牛中的一种严重遗传缺陷 WEAVER 病（出生后 3 ～ 20 日龄开始），已发现 5 个微卫星标记与 WEAVER 基因位点有连锁，通过对微卫星标记研究已将该病基因位点定位在牛的第 4 号染色体上。目前已能用这些微卫星标记来检测群体中 WEAVER 隐性携带者个体，其准确率可达 99％以上。

（二）微卫星标记技术与其他分子遗传标记的比较

几种常用分子标记方法比较

比较项目	RFLP	RAPD/AP-PCR	Micro-satellite	Mini-satellite	AFLP
遗传特性	共显性	显性	显性	显性	显性／共显性
多态性水平	低	中等	高	高	高
可检测座位数	1 ～ 4	1 ～ 10	几十～ 100	几十	100 ～ 200
检测基础	分子杂交	随机 PCR	专 -PCR	专 -PCR	专 -PCR
检测基因部位	单＼低拷贝区	整个基因区	重复序列区	重复序列区	整个基因区
使用技术难度	难	易	易	难	易
DNA 质量要求	高	低	低	高	低
DNA 用量	5 ～ 10	＜ 50	50	5 ～ 10	50
是否使用同位素	是	否	否	是	否
探　针	DNA 短片段	随机引物	专一性引物	DNA 短片段	专一性引物
费　用	中等	低	高	中等	高

第三章　实验部分

第一节　草原红牛微卫星 DNA 多态性研究

一、仪器与材料

以草原红牛、蒙古牛、夏洛来牛、利木赞牛、西门塔尔牛为实验群体，运用微卫星 DNA 标记技术，通过对微卫星扩增产物的测序电泳分型，测定出各群体各位点等位基因数、等位基因大小、基因频率、基因型频率、多态信息含量、杂合度和遗传距离等。从分子水平上探讨 5 个群体的遗传背景及变异，旨在为草原红牛的育种工作提供理论根据。

（一）试　剂

Taq DNA 聚合酶、8 对微卫星引物、$4 \times d$ NTP、PCR Buffer（含 Mg^{2+}）、琼脂糖、蛋白酶 K、RNA 酶、Tris 饱和酚、EDTA、分子标量标记物 Market、亲水硅烷、疏水硅烷、N, N' - 亚甲双丙烯酰胺、TEMED、尿素、过硫酸铵、丙烯酰胺、三羟甲基氨基甲烷（Tris）、乙二氨四乙酸、乙二氨四乙酸二钠（$EDTA-Na_2$）、SDS、溴化乙锭等购自北京赛百盛基因技术有限公司、TaKaRa 宝生物工程有限公司和北京鼎国生物技术中心。

（二）实验动物

草原红牛（30 头）血液或肝脏采自吉林省农业科学院畜牧分院；蒙古牛（10 头）肝脏采自内蒙古通辽畜牧兽医研究所；夏洛来牛（10 头）、利木赞牛（6 头）和西门塔尔牛（10 头）三个品种血液均采自长春市华春肉种牛繁育中心。

（三）主要仪器

PCR 仪，UNII 型，Biometra 公司。

高速冷冻离心机，KUBOTA 公司，6800 型。

高速台式离心机，HITTACH 公司，MIKRO 22R 型。

核酸测序电泳仪，美国 Hoefer 公司，SE 1600 系列。

DYY-3 型电泳仪，北京六一仪器厂。

UV-254 暗箱式紫外透射仪，北京鼎国生物技术发展中心。

ZF 型紫外透射反射分析仪，上海嘉鹏科技有限公司。

凝胶自动成像系统，英国 UVI 公司。

可调式恒温水浴箱，美国 polystat cc1 HUBER 公司。

DNA counter，美国 Pharmcia Biotech 公司。

微量可调加样器，芬兰。

HZQ-C 空气浴振荡器，哈尔滨东联电子技术开发有限公司。

数码和普通相机，日本 SONY 公司。

722 型分光光度计，上海分析仪器厂。

（四）统计软件

PPAP3.0，遗传学群体与家系资料计算机分析系统。

SPSS for Windows Release 17.0。

（五）试剂配制

常规试剂配制方法见附录。

二、实验方法

（一）DNA 模板制备

1.肝脏中 DNA 模板制备

参照《分子克隆实验指南》第二版，采用常规酚、氯仿抽提方法进行，从肝脏中提取 DNA。

（1）取新鲜或冷冻保存的肝脏组织 0.1 g 左右置于 1.5 mL Eppendorf 管内，用消毒的眼科剪刀将其剪至浆糊状，使细胞尽量破碎。加入 800 μL SET 溶液，60 μL 10%SDS（终浓度为 0.5%）。

（2）加入 4 μL 浓度为 10 mg/mL 的 RNA 酶，充分混匀，使其终浓度达到 20 μg/mL。于 37℃水浴锅中放置 2 ～ 3 h。

（3）加入 10 μL 浓度为 10 mg/mL 的蛋白酶 K，充分混匀，使其终浓度为 30 μg/mL。于 50 ～ 55℃水浴 5 h。

（4）加入等体积 Tris 饱和酚，缓慢摇晃混匀约 10 min，于 4℃冷冻离心机 12 000 g 离心 10 min。

（5）用去尖 1 mL Tip 头缓慢把上清转移至另一离心管中，加等体积的酚：氯仿：异戊醇（25：24：1 混合物，缓慢摇晃混匀约 10 min，12 000 g 离心 12 min。

（6）用去尖 1 mL Tip 头缓慢把上清转移至另一离心管中，加等体积氯仿，缓慢摇晃混匀约 10 min，于 12 000 g 离心 12 min）。

（7）用去尖 1 mL Tip 头缓慢把上清转移至另一离心管中，加入 0.2 体积（100 μL）10 mol/L 乙酸铵和 2 倍体积（1 000 μL）预冷无水乙醇，转动离心管使溶液充分混合，DNA 立即形成沉淀。

（8）用 200 μL Tip 头将沉淀挑入另一装有 70% 乙醇的离心管中，把乙醇吸干。放室温下挥发约 30 min，使乙醇全部挥发。

（9）加入 50 μL TE 缓冲液，常温下溶解 12 ～ 24 h。

（10）把样品在 0.7% 琼脂糖凝胶上电泳鉴定，并对电泳结果拍照。

（11）用 DNA counter 测出每个样本的 DNA 浓度、纯度及蛋白质含量。最后得到的 DNA 均为纯度 96% 以上，蛋白质含量为 0，Ratio 值为 1.8 ～ 1.9，纯度很高的 DNA 溶液。4℃保存备用。

2. 血液中 DNA 模板的制备

参照《分子克隆实验指南》第二版改进方法，采用常规酚、氯仿抽提方法进行，从血液中提取 DNA。

（1）采集新鲜牛血液 15 mL，用 EDTA 抗凝。取 1.5 mL 抗凝全血，1 500 g 离心 10 min，弃上清。

（2）加入 2×红细胞裂解液至 1.5 mL，剧烈震荡充分混匀，1 500 g 离心 10 min。弃去上清。

（3）加入 2×红细胞裂解液至 1.5 mL，其余同上。

（4）加入 1×红细胞裂解液至 1.5 mL，其余同上。

（5）重复上一步。直至得到较纯的白细胞沉淀。如是长期低温保存的冷冻血，则以上只用 PBS 处理即可（因红细胞已破裂）。

（6）加入 188 μL 1×SET 2.5 μL 浓度为 10 mg/mL 的蛋白酶 K 及 2.5 μL 20% SDS（终浓度 1%），混匀后置于 55℃水浴摇床保温 16～18 h。直至沉淀完全透明为消化彻底。

（7）酚提：将上述混合液移入 1.5 mL 微离心管中，加入等体积的饱和酚，上下颠倒充分混匀 15 min，12 000 g 离心 10 min。小心吸取上清液至另一新的消毒灭菌过的离心管中。

（8）重复酚提一次：再次加入等体积的饱和酚，充分混匀，放置 15 min，12 000 g 离心 10 min。

（9）上清液中加入酚：氯仿（1:1）混合物抽提 1～2 次。方法与酚提相同。

（10）重复上一步，直至所得的上清液完全透明。

（11）其它同肝脏提 DNA 相应步骤。

3. 血液中 DNA 的试剂盒提取制备

Genome DNA Extraction Kit（Code No：D9081）购自 TaKaRa 宝生物工程有限公司，按说明书步骤操作。

4. 混合 DNA 池制备

将从肝脏或血液中所提取的 DNA 每个样品各取 10 μg，吸入一新离心管内充分混匀。这样就获得遗传物质等量混合的 DNA 池。草原红牛、蒙古牛、夏洛来牛、利木赞牛、西门塔尔牛分别制成池 1、池 2、池 3、池 4、池 5。用 DNA counter 测出混合 DNA 池的浓度及纯度，4℃保存备用。

（二）引物的合成

引物序列通过 BoVMap 的 Internet 数据库和 Genbank 查得。选用 8 对微卫星引物由北京赛百盛基因技术有限公司和北京鼎国生物技术发展中心公司合成。引物设计遵循 PCR 引物设计原则[54]，所用软件为 Primer premier 5.0（PREMIER Biosoft Interrational）。8 对微卫星位点的引物序列及相关情况见表3-1。

表 3-1　8 对微卫星引物及其 PCR 反应条件

微卫星（D 号码）	引物序列（5′—3′）	染色体位置	Mg^{2+}浓度	退火温度
IDVGA2（D2S7）	GTAGACAAGGAAGCCGCTGAGG GAGAAAAGCCAAGAGCCAGACC	2q45	0.75	60
IDVGA46（D19S18）	AAATCCTTTCAAGTATGTTTTCA ACTCACTCCAGTATTCTTGTCTG	19q16	1.5	50
TGLA44（D2S3）	AACTGTATATTGAGAGCCTACCATG CACACCTTAGCGACTAAACCACCA	2q	1.5	60
BM1824（DIS34）	GTTCAGGACTGGCCCTGCTAAACA CCTCCAGCCACTTTCTCTTCTC	5q	1.5	59
ETH225（D9S1）	GATCACCTTGCCACTATTTCCT ACATGACAGCCAGCTGCTACT	9q	1.5	68
BM2113（D2S26）	GCTGCCTTCTACCAAATACCC CTTCCTGAGAGAAGCAACACC	2q	1.5	58
IDVGA44	GGGAGAATGGATGGAACCAAAT TTCGAAGACGGGCAGACAGG	19q22	1.0	60
IDVGA55（D18S16）	GTGACTGTATTTGTGAACACCTA TCTAAAACGGAGGCAGAGATG	18q24	0.75	50

（三）反应体系（反应总体积为 25 μL）

10×Buffer（含 Mg^{2+}）：1.0～5 μL（因座位而异）；dNTP 浓度（0.2 mM）：1.5 μL；引物 1（10 μmol）：2.0μL；引物 2（10 μmol）：2.0 μL；TaqDNA 聚合酶（2.0μ）：0.5 μL；模板（25 ng）：2.0 μL。

（四）PCR 反应程序

详见表 3-2、表 3-3。

表 3-2　单引物扩增体系的反应条件

位点	模板 （200 ng/μL）	dNTP （2.5 mM）	Buffer （含 Mg²⁺） （20 mM）	引物 （10 pM）	Taq （2 μ/μL）	循环 次数	温度 （℃）
IDVGA-2	2	0.75	2.0	2.0	0.5	35	60
IDVGA-46	2	1.5	2.0	2.0	0.5	35	50
TGLA-44	2	1.5	2.0	2.0	0.5	35	60
BM1824	2	1.5	2.0	2.0	0.5	35	59
ETH225	2	1.5	2.0	2.0	0.5	35	68
BM2113	2	1.5	2.0	2.0	0.5	35	58
IDVGA-55	2	0.75	2.0	2.0	0.5	35	50
IDVGA-44	2	1.5	2.0	2.0	0.5	35	60

注：各反应体系为 25 μL。

表 3-3　多引物扩增体系反应条件

位点	模板 （200 ng/μL）	dNTP （2.5 mM）	Buffer （含 Mg²⁺） （20 mM）	引物 （10 pM）	Taq （2 μ/μL）	循环 次数	温度 （℃）
IDVGA-55 和 IDVGA-46	2.5	2	2.0	8.0	1	45	50
IDVGA-44 和 BM1824	2.5	2	2.0	8.0	1	35	60
IDVGA-44 和 TGLA-44	2.5	2	2.0	8.0	1	35	60
TGLA-44 和 BM1824	2.5	2	2.0	8.0	1	35	60
IDVGA-44、 TGLA-44 和 BM1824	4.0	3	3.0	12.0	1	35	69

注：各反应体系为 25 μL。

（五）电　泳

每次反应均设不含模板 DNA 的阴性对照和空白对照。PCR 产物采用含 0.05% 溴化乙淀的 1.5% 琼脂糖凝胶平板电泳检测。在 1×TAE 缓冲液中，以 5 V/cm 的电压进行电泳分离，然后在紫外透射分析仪上观察，通过凝胶成像系统照相。

1. 胶的制备

（1）玻璃板的清洗。用洗洁精刷洗玻璃板，自来水冲洗干净，将待硅化和烷化的一面用双蒸水冲洗一次，然后放入 50℃ 温箱中烘干。

（2）玻璃板的硅化。用擦镜纸沾约 1 mL 疏水硅烷，充分擦拭待硅化的长板，长板顶部 3 英寸（1 英寸 ≈ 0.025 m）的地方最好不要烷化，以免引起点样孔间的相互渗透。用擦镜纸沾约 0.5 mL 亲水硅烷，充分擦拭待反硅化的短板，凉干。

（3）电泳槽的组装。将长板烷化的一面向上，放好 0.4 mm 边条，再将短板硅化的一面向下与之重叠。

（4）胶的配制。称取尿素 16 g，加少量水，磁力加热搅拌溶解尿素后加入 40% 聚丙烯酰胺 8 mL，5×TBE 10 mL，双蒸水定容至 40 mL 后用 0.25 mm 微孔滤膜过滤到加胶小瓶中。灌胶前加入 10% 过硫酸铵 200 μL，TEMED 25 μL，迅速混均，吸入注射器准备灌胶。

（5）灌胶。将玻璃板竖起约 45°，并略向一边倾斜，用注射器沿朝下的边沿缓慢连续的注胶，防止气泡产生，灌胶至玻璃板 4/5 处时，将玻璃板放平，灌完胶后插入梳子并用装订夹夹好，让其聚合 1 h 以上。

2. 预电泳

胶凝固后（大约 1 h），将其固定在垂直测序电泳仪上。加入 1×TBE 电泳缓冲液上下各 600 mL。拔掉梳子，并用 1×TBE 冲出点样孔中的碎胶及析出的尿素，再将梳子插入点样孔中。在 70 W 恒功率下电泳 30 min。

3. 样品的准备

6 μL PCR 产物中加入 4 μL 去离子甲酰胺加样缓冲液，瞬时离心后在 PCR 仪上 94℃ 变性 5 min，取出后立即置于冰上备用。

4. 电　泳

拔出梳子，冲洗加样孔，冲出析出的尿素。点样后恒定功率 70 W 电泳至溴酚蓝跑到胶板底部（2.0 ～ 3.5 h）。

（六）银染染色

银染配液见附录[55]。

固定：将有胶的玻璃板（胶面向上）置于固定液中震荡约 20 min 至指示剂消失。

漂洗：用双蒸水震荡洗涤凝胶 15 min 后，将凝胶从水中取出，竖起控水约 15 s。

染色：将凝胶板移入染色液，震荡 30 min。

显影：将染色后的凝胶放入双蒸水中 2 ～ 3 s。迅速取出并竖起控水 15 s，随后把凝胶板放入 4℃预冷的显影液中，震荡至条带浓度深浅合适。

终止：将凝胶板放入第一步用过的固定 / 终止液中，终止显影。

冲洗：用二馏水冲洗二次，每次 2 min。

干燥：将玻璃板竖直放置，室温下自然干燥。

三、数据分析

（一）共有带率计算

据 Nei、Li[56] 的公式计算：

$F=2N_{ab}/（N_a+N_b）$ （式 3-1）

其中 N_{ab} 为 a、b 两个体共有的扩增条带数；N_a、N_b 分别为 a、b 两个体扩增的总条带数。DNA 指纹图相似系数 F 是衡量个体间遗传变异程度的可靠参数。个体间血缘关系越近，则遗传变异性越低，F 值越大 [57]。

（二）任意两个体之间遗传距离的计算

$D=1-F$ （式 3-2）

其中，D 为遗传距离，F 为共有带率。

（三）微卫星标记的统计量分析

利用 PPAP 3.0 软件包（郭政、李霞主编，哈尔滨医科大学），计算各位点基因频率、平均多态信息含量（PIC）；各群体平均多态信息含量、平均杂合度（H）；各群体之间遗传距离，并做出遗传聚类图，根据公式计算各位点有效等位基因数。

杂合度（H）：用于衡量微卫星标记的信息含量。一般来讲，群体进化时间越长，群体基因杂合度就越大，因此群体的分化位置应该与基因杂合度一致。

$$\sum_{i=1}^{m} P_i = 1 \qquad \text{（式 3-3）} \qquad H = 1 - \sum_{i=1}^{m} P_i^2 \qquad \text{（式 3-4）}$$

其中，m 为等位基因数，P_i^2 为基因频率。

多态信息量（PIC）：它表示的是一个后代所获得某个等位标记来自于其父亲的同一个等位标记可能性（概率）。根据分子杂交和 PCR 扩增结果，在相同迁移位置有带记为 1，无带记为 0，建立数据库。

$$\text{PIC} = 1 - \sum_{i=1}^{m} P_i^2 - \sum_{I=1}^{m-1} \sum_{j=j+1}^{m} 2 \left(P_i P_j \right)^2 \qquad \text{（式 3-5）}$$

其中，P_i 和 P_j 为第 i 和第 j 个等位基因。

（四）应用 SPSS17.0 统计软件系统聚类分析方法

采用平均非加权成组配对法 UPGMA（unweighted pair group method arithmetic averages）进行聚类分析，绘制出 5 个品种间树状图。

（五）结果判读

根据聚丙烯酰胺凝胶上 DNA 泳动距离进行结果判读。如果 5 个品种 DNA 泳动距离一致，即表现为单态性，若有差异即为多态性。统计 5 个品种在研究位点上表现出多态性带的数目，扩增结果按 Lynch 氏法计算相似系数并分析其相似性 $F=2N_{ab}/(N_a+N_b)$，其中，N_{ab} 为两个品系相同谱带数，N_a、N_b 为二者分别扩增结果，若无扩增结果记为 "0"[57]，扩增带是 1 条为纯合子，扩增带是 2 条则为杂合子，并确定个体基因型[58]。

四、结果与讨论

（一）基因组 DNA 提取结果

取 5 个品种牛的血液或肝脏，用常规酚／氯仿法提取基因组 DNA。经实验发现：通过肝脏提取比通过血液提取的 DNA 质量要好、量要多 5～20 倍；采血后 24 h 内抽提要比冷冻数日后提取效果好；采血后在血未凝前 1 500 g 离心弃上清保存比全血直接抗凝保存效果要好。

DNA 检测：经 722 分光光度计检测 OD260/OD280 在 1.8～2.0；经 0.7% 琼脂糖凝胶电泳检测；在 DNA 抽提液完全相同的条件下，按 PCR 方法扩增。结果测定 DNA 分子量在 19 kb 以上，且亮度较大。说明所提 DNA 在纯度、浓度、大小上质量都较高（图 3-1）。

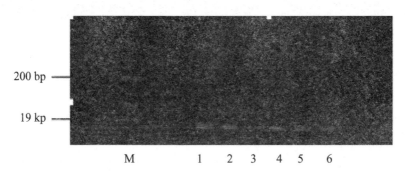

1- 空白；2- 夏洛来牛；3- 西门塔尔牛；4- 蒙古牛；5- 利木赞牛；6- 草原红牛；M- 标记物

图 3-1　DNA 提取结果

（二）PCR 扩增结果

用 8 对微卫星位点对 5 个品种牛基因组进行扩增，扩增条带先在 1.5% 琼脂糖凝胶电泳检测，观察有没有所需的条带，若有继续转到 8% 聚丙烯酰胺凝胶上电泳检测。

1. 草原红牛 DNA 在微卫星位点 TGLA44 扩增出的 PCR 产物详见图 3-2。

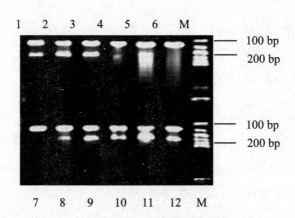

图 3-2　RSC 扩增产物在 1.5% 琼脂糖凝胶电泳图谱

2. 扩增产物在 8% 聚丙烯酰胺凝胶电泳检测结果

夏洛来牛、西门塔尔牛、蒙古牛、利木赞牛和草原红牛分别检测出了 4、3、2、5 和 6 个等位基因，平均每个位点扩增出 4 个等位基因。部分扩增见图 3-3 至图 3-11。

1 ～ 7 为西门塔尔牛；8 ～ 15 为蒙古牛；16 ～ 18 为利木赞牛；M 为标记物（SD002）

图 3-3　BM1824 部分扩增图谱

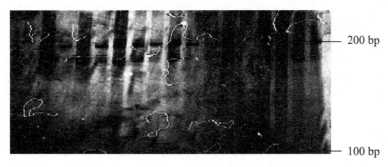

1～15 为草原红牛；M 为标记物（SD002）

图 3-4　IDVGA55 部分扩增图谱

1～17 为蒙古牛；M 为标记物（SD002）

图 3-5　IDVGA44 部分扩增图谱

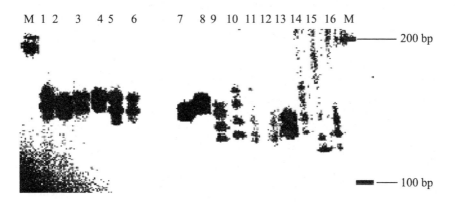

1～8 为蒙古牛；9～16 为草原红牛；M 为标记物（SD002）

图 3-6　ETH225 部分扩增图谱

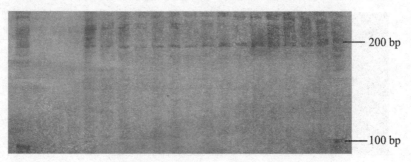

1～3 为利木赞牛；4～18 为草原红牛；M 为标记物（SD002）

图 3-7 IDVGA46 部分扩增图谱

1～17 为利木赞牛；M 为标记物（SD002）

图 3-8 IDVGA46 部分扩增图谱

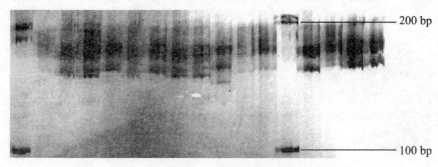

1～15 为草原红牛；M 为标记物（SD002）

图 3-9 TGLA44 部分扩增图谱

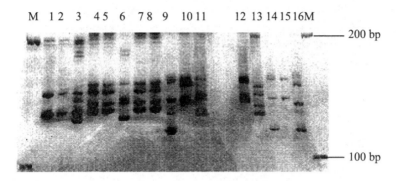

1～16为草原红牛；M为标记物（SD002）

图3-10　IDVGA2 部分扩增图谱

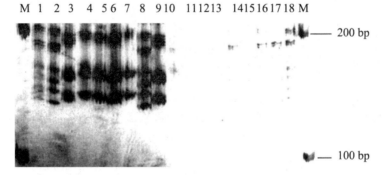

1～9号为夏洛来牛，10～18号为西门塔尔牛，M为标记物（SD002）

图3-11　BM2113 部分扩增结果

3. DNA 池扩增结果

　　等量取每个品种每头牛的基因组 DNA，组合成 5 个品种牛的 DNA 池。稀释各 DNA 池的浓度至 200 ng/μL，在合适的条件下用 8 对微卫星位点分别对各 DNA 池进行扩增。结果各位点在单、多重 PCR 所扩增出的带，在 DNA 池中都能扩增出。而且没有发现单、多重 PCR 没扩增出的带。见图 3-12 至图 3-14。

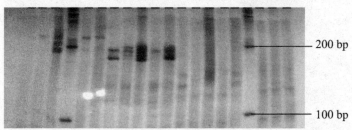

1、6、11 为夏洛来牛池；2、7、12 为西门塔尔牛池；3、8、13 为蒙古牛池；

4、9、14 为利木赞牛池；5、10、15 为草原红牛池；

1～5 为 IDVGA44 扩增结果；6～10 为 BM1824 扩增结果；11～15 为 BM2113 扩增结果

图 3-12　DNA 池的单引物扩增图谱

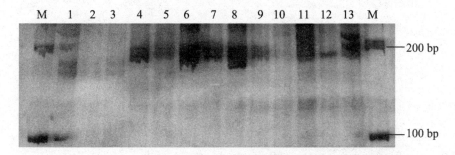

4、9 为夏洛来牛池；5、10 为西门塔尔牛池；1、6、11 为蒙古牛池；

2、7、12 为利木赞牛池；3、8、13 为草原红牛池；

1～3 为 IDVGA44 和 IDVGA2 扩增结果；4～8 为 BM1824 和 BM2113 扩增结果；

9～13 为 IDVGA2 和 BM2113 扩增结果

图 3-13　DNA 池的双引物扩增图谱

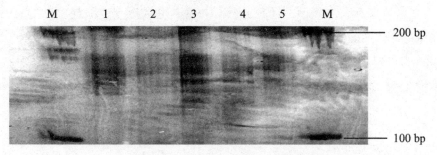

1- 夏洛来牛池；2- 西门塔尔牛池；3- 蒙古牛池；4- 利木赞牛池；5- 草原红牛池；

1～5 为 IDVGA44、IDVGA2 和 BM1824 多重 PCR 扩增结果

图 3-14　DNA 池的三引物扩增图谱

4. 反应条件优化结果

以 Taq DNA 聚合酶浓度、DNA 模板浓度、引物浓度、dNTP 浓度等 4 个因素 3 个水平，其他扩增条件相同，结合有关资料实验结果采用 L9（3×4）正交表作正交设计，见表 3-4。通过选择特异带量高、无非特异带因子组合作为上述各处理因素的最佳组合。

表 3-4　以 Taq DNA 聚合酶的浓度、DNA 模板的浓度、引物的浓度、dNTP 的浓度等
4 个因素 3 个水平反应条件正交化模型　　　　　　　（单位：μL）

实验号	dNTP	引物	DNA 模板	Taq DNA 聚合酶
1	1.0	1	1.5	0.3
2	1.5	2	2.0	0.3
3	2.0	3	2.5	0.3
4	2.0	2	1.5	0.5
5	1.0	3	2.0	0.5
6	1.5	1	2.5	0.5
7	1.5	3	1.5	0.7
8	2.0	1	2.0	0.7
9	1.0	2	2.5	0.7

正交化结果见图 3-15。从图 3-15 可以看出，2、5、6 效果较好，考虑到药品成本等因素，确定 6 号为最佳反应条件。

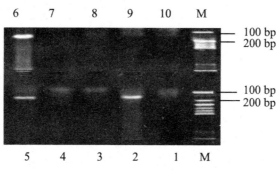

图 3-15　PCR 正交化的结果

退火温度筛选结果：采用梯度 PCR 仪一次加样进行，从图中我们发现引物 BM1824 的最佳退火温度在 60℃时扩增效果最好（图 3-16）。在微卫星标

记实验中，我们采用的退火温度一般以文献资料所提供的数据进行梯度反应实验。通过反复摸索条件，以确定每个引物下每个群体的最佳退火温度。本实验由于逐个进行退火温度实验，故使实验本身的可靠性与重复性得到了加强。

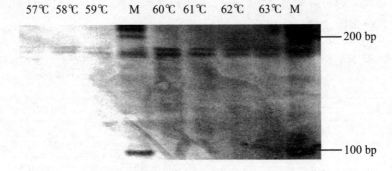

图 3-16   退火温度实验

5. 统计与结果分析

群体内的平均多态信息含量和平均杂合度如下。

根据电泳图谱统计各位点的等位基因数、基因型，用 PPAP 软件计算各位点的各等位基因频率、平均多态信息含量、杂合度和各群体平均多态信息含量、平均杂合度。

由表 3-5 可知，在微卫星位点 IDVGA2 共检测到 6 个等位基因，大小变异范围 205 ~ 215 bp，等位基因 D（211 bp）频率最高。草原红牛等位基因最多，为 6 个。

表 3-5   微卫星位点 IDVGA2 的等位基因大小（bp）及频率

品 种	样本数	等位基因大小					
		205 bp（A）	207 bp（B）	209 bp（C）	211 bp（D）	213 bp（E）	215 bp（F）
草原红牛	30	0.038 5	0.192 3	0.307 7	0.307 7	0.076 9	0.076 9
蒙古牛	10	0.437 5	0.312 5	0.125 0	0.125 0	0.000 0	0.000 0
夏洛来牛	10	0.187 5	0.250 0	0.250 0	0.312 5	0.000 0	0.000 0
利木赞牛	6	0.250 0	0.000 0	0.250 0	0.250 0	0.000 0	0.250 0
西门塔尔牛	10	0.333 3	0.000 0	0.166 7	0.250 0	0.250 0	0.000 0
总 计	66	0.185 4	0.172 6	0.244 6	0.266 7	0.037 8	0.057 6

由表 3-6 可知，在微卫星位点 IDVGA46 共检测到 6 个等位基因，大小变异范围 203 ～ 249 bp，等位基因 B（205 bp）频率最高。草原红牛等位基因最多，为 6 个。

表 3-6 微卫星位点 IDVGA46 的等位基因大小（bp）及频率

品 种	样本数	等位基因大小					
		203 bp（A）	205 bp（B）	207 bp（C）	211 bp（D）	245 bp（E）	249 bp（F）
草原红牛	30	0.285 7	0.214 3	0.035 7	0.142 9	0.071 4	0.250 0
蒙古牛	10	0.500 0	0.250 0	0.125 0	0.125 0	0.000 0	0.000 0
夏洛来牛	10	0.375 0	0.125 0	0.250 0	0.250 0	0.000 0	0.000 0
利木赞牛	6	0.000 0	0.500 0	0.000 0	0.500 0	0.000 0	0.000 0
西门塔尔牛	10	0.000 0	0.500 0	0.071 29	0.142 9	0.285 7	0.000 0
总 计	66	0.262 4	0.279 2	0.083 8	0.188 8	0.075 7	0.113 6

由表 3-7 可知，在微卫星位点 TGLA44 共检测到 6 个等位基因，大小变异范围 203 ～ 213 bp，等位基因 B（205 bp）频率最高。草原红牛等位基因最多，为 6 个。

表 3-7 微卫星位点 TGLA44 的等位基因大小（bp）及频率

品 种	样本数	等位基因大小					
		203 bp（A）	205 bp（B）	207 bp（C）	211 bp（D）	211 bp（E）	213 bp（F）
草原红牛	30	0.071 4	0.428 6	0.035 7	0.250 0	0.178 6	0.035 7
蒙古牛	10	0.000 0	0.187 5	0.312 5	0.000 0	0.187 5	0.312 5
夏洛来牛	10	0.000 0	0.000 0	0.166 7	0.333 3	0.333 3	0.166 7
利木赞牛	6	0.000 0	0.250 0	0.375 0	0.250 0	0.000 0	0.125 0
西门塔尔牛	10	0.000 0	0.166 7	0.333 3	0.500 0	0.000 0	0.000 0
总 计	66	0.032 4	0.271 2	0173 4	0.262 6	0.160 0	0.100 1

由表 3-8 可知，在微卫星位点 BM1824 共检测到 5 个等位基因，大小变异范围 207 ～ 215 bp，等位基因 B（209 bp）频率最高。草原红牛和蒙古牛的等位基因相同，为 6 个。

表 3-8　微卫星位点 BM1824 的等位基因大小（bp）及频率

品　种	样本数	等位基因大小				
		207 bp（A）	209 bp（B）	211 bp（C）	213 bp（D）	215 bp（E）
草原红牛	30	0.500 0	0.142 9	0.071 4	0.285 7	0.000 0
蒙古牛	10	0.100 0	0.400 0	0.100 0	0.300 0	0.100 0
夏洛来牛	10	0.000 0	0.500 0	0.500 0	0.000 0	0.000 0
利木赞牛	6	0.000 0	0.250 0	0.250 0	0.500 0	0.000 0
西门塔尔牛	10	0.071 4	0.428 6	0.142 9	0.357 1	0.000 0
总　计	66	0.253 2	0.288 9	0.167 7	0.274 8	0.015 1

由表 3-9 可知，在微卫星位点 ETH225 共检测到 4 个等位基因，大小变异范围 141 ～ 147 bp，等位基因 A（141 bp）频率最高。草原红牛、蒙古牛和利木赞牛的等位基因相同，为 4 个。

表 3-9　微卫星位点 ETH225 的等位基因大小（bp）及频率

品　种	样本数	等位基因大小			
		141 bp（A）	143 bp（B）	145 bp（C）	147 bp（D）
草原红牛	30	0.366 7	0.266 7	0.133 3	0.233 3
蒙古牛	10	0.375 0	0.125 0	0.062 5	0.437 5
夏洛来牛	10	0.500 0	0.166 7	0.333 3	0.000 0
利木赞牛	6	0.333 3	0.166 7	0.333 3	0.166 7
西门塔尔牛	10	0.750 0	0.000 0	0.250 0	0.000 0
总　计	66	0.443 1	0.180 5	0.188 7	0.187 4

由表 3-10 可知，在微卫星位点 BM2113 共检测到 2 个等位基因，大小变异范围 128 ～ 130 bp，等位基因 A（128 bp）频率最高。5 个品种的等位基因相同，均为 2 个。

表 3-10 微卫星位点 BM2113 的等位基因大小（bp）及频率

品　种	样本数	等位基因大小	
		128 bp（A）	130 bp（B）
草原红牛	30	0.512 8	0.487 2
蒙古牛	10	0.571 0	0.429 0
夏洛来牛	10	0.666 7	0.333 3
利木赞牛	6	0.750 0	0.250 0
西门塔尔牛	10	0.833 3	0.166 7
总　计	66	0.615 0	0.384 9

由表 3-11 可知，在微卫星位点 IDVGA44 共检测到 6 个等位基因，大小变异范围 211 ～ 221 bp，等位基因 A（211 bp）频率最高。草原红牛和西门塔尔牛的等位基因相同，为 6 个。

表 3-11 微卫星位点 IDVGA44 的等位基因大小（bp）及频率

品　种	样本数	等位基因大小					
		211 bp（A）	213 bp（B）	215 bp（C）	217 bp（D）	219 bp（E）	221 bp（F）
草原红牛	30	0.357 1	0.142 9	0.142 9	0.142 9	0.107 1	0.107 1
蒙古牛	10	0.000 0	0.312 5	0.125 0	0.375 0	0.062 5	0.125 0
夏洛来牛	10	0.000 0	0.222 2	0.277 8	0.000 0	0.277 8	0.222 2
利木赞牛	6	0.500 0	0.000 0	0.250 0	0.000 0	0.250 0	0.000 0
西门塔尔牛	10	0.071 4	0.142 9	0.285 7	0.071 4	0.357 1	0.071 4
总　计	66	0.218 5	0.167 6	0.192 0	0.132 5	0.177 0	0.112 1

由表 3-12 可知，在微卫星位点 IDVGA55 共检测到 4 个等位基因，大小变异范围 141 ～ 147 bp，等位基因 D（147 bp）频率最高。草原红牛、蒙古牛和西门塔尔牛的等位基因相同，为 4 个。

表 3-12　微卫星位点 IDVGA55 的等位基因大小（bp）及频率

品　种	样本数	等位基因大小			
		141 bp（A）	143 bp（B）	145 bp（C）	147 bp（D）
草原红牛	30	0.233 3	0.200 0	0.066 7	0.500 0
蒙古牛	10	0.166 7	0.083 3	0.416 7	0.333 3
夏洛来牛	10	0.200 0	0.000 0	0.500 0	0.300 0
利木赞牛	6	0.500 0	0.000 0	0.000 0	0.500 0
西门塔尔牛	10	0.500 0	0.250 0	0.250 0	0.000 0
总　计	66	0.282 8	0.141 4	0.207 0	0.368 6

由表 3-13 可知，微卫星位点 IDVGA2、IDVGA46、TGLA44、BM1824、ETH225、BM2113、IDVGA44、IDVGA55 平均 PIC/H 分别为 0.683 1/0.733 7、0.596 3/0.660 2、0.646 2/0.700 1、0.558 1/0.630 2、0.552 9/0.615 8、0.371 1/0.417 4、0.683 1/0.728 4、0.543 1/0.615 3，因此 IDVGA2 的 PIC 和 H 都是最高。草原红牛、蒙古牛、夏洛来牛、利木赞牛、西门塔尔牛的均值 PIC/H 分别为 0.658 23/0.695 3、0.616 45/0.667 0、0.567 08/0.638 2、0.528 25/0.602 0、0.528 16/0.585 8，因此草原红牛均值 PIC 和 H 都是最高。

表 3-13　8 个微卫星位点在 5 个品种牛群体中的遗传特性

位　点	草原红牛（PIC）	蒙古牛（PIC）	夏洛来牛（PIC）	利木赞牛（PIC）	西门塔尔牛（PIC）	平均（PIC）	杂合度 H（j）
IDVGA2	0.722 3	0.623 7	0.694 3	0.703 1	0.687 4	0.686 1	0.733 7
IDVGA46	0.749 3	0.605 0	0.667 5	0.375 0	0.584 9	0.596 3	0.660 2
TGLA44	0.671 3	0.685 4	0.671 3	0.667 5	0.535 5	0.646 2	0.700 1
BM1824	0.584 9	0.675 6	0.375 0	0.554 7	0.600 3	0.558 1	0.630 2
ETH225	0.671 5	0.581 5	0.535 5	0.671 3	0.304 7	0.552 9	0.615 8
BM2113	0.508 9	0.457 0	0.345 7	0.304 7	0.239 2	0.371 1	0.417 4
IDVGA44	0.761 2	0.681 6	0.699 6	0.554 7	0.718 6	0.683 1	0.728 4
IDVGA55	0.596 5	0.621 8	0.547 8	0.395 0	0.554 7	0.543 1	0.615 3
均　值	0.658 23	0.616 45	0.567 08	0.528 25	0.528 16	—	—
各位点杂合度 H（j）	0.695 3	0.667 0	0.638 2	0.602 0	0.585 8	—	—

6. 5 个群体间的亲缘关系树状聚类图

根据各群体各微卫星位点的等位基因频率，利用 PPAP 软件，计算各群体间的遗传距离。根据遗传距离应用平均非加权成组配对法（Unweighted Pair-Group Method using an Arithmetic average，UPGMA）作出亲缘关系聚类图。由图 3-17 可知，草原红牛先和蒙古牛聚为一类，再与夏洛来牛聚为一类，然后再与利木赞牛聚为一类，最后与西门塔尔牛聚为一类。

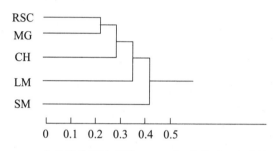

图 3-17　5 个品种牛群体间的 UPGMA 亲缘关系树状聚类图

7. 5 个群体间的遗传距离

由表 3-14 可知，RSC 与 MG、CH、LM、SM 的遗传距离分别为 0.278 6、0.305 9、0.389 2、0.418 4；RSC 与 MG 遗传距离最近，与 SM 遗传距离最远。

表 3-14　5 个品种牛群体间的遗传距离

群体	RSC	CH	LM	MG	SM
RSC	0.000 0	0.305 9	0.389 2	0.278 6	0.418 4
CH	0.305 9	0.000 0	0.245 6	0.422 2	0.407 9
LM	0.389 2	0.245 6	0.000 0	0.383 2	0.285 9
MG	0.278 6	0.422 2	0.383 2	0.000 0	0.234 8
SM	0.418 4	0.407 9	0.285 9	0.234 8	0.000 0

4. 草原红牛 30 个个体亲缘关系树状聚类图

运用 SPSS10.0 软件中的聚类分析，按照组内距离法（within group）、最近邻法（nearest neighbor）、最远邻法（furthest neighbor）3 种聚类方法，绘制了 30 个个体亲缘关系树状聚类图（图 3-18 至图 3-20）。通过对 3 个树状聚类图的分析比较，其结果与 30 头草原红牛的实际亲缘关系相符。

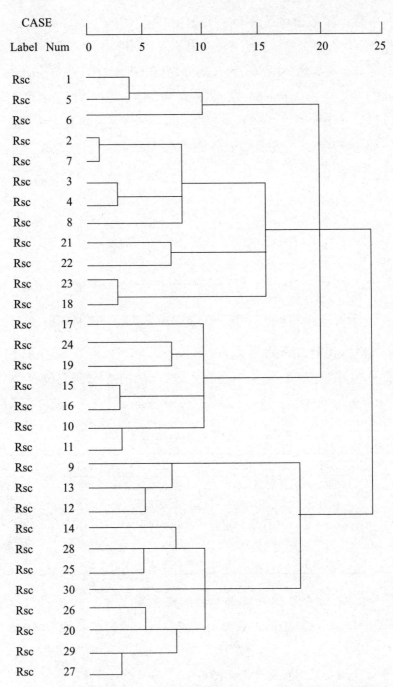

图 3-18 草原红牛 30 个个体间的亲缘关系树状（组内距离法）聚类图

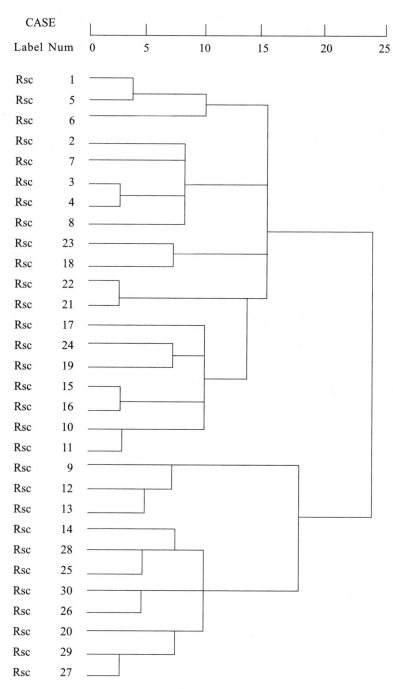

图 3-19　草原红牛 30 个个体间的亲缘关系树状（最近邻法）聚类图

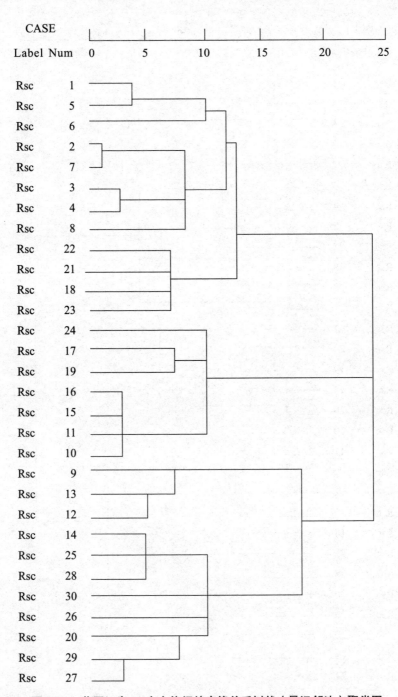

图 3-20 草原红牛 30 个个体间的亲缘关系树状（最远邻法）聚类图

8. 讨　论

（1）微卫星标记反应体系条件的确立。微卫星标记技术的关键点在于PCR扩增，PCR最佳扩增条件的确定对提高本实验稳定性起至关重要作用。在实验过程中，主要对模板、dNTP、引物及Taq酶浓度等进行筛选。影响PCR扩增的因素如下。

模板的抽提及浓度。在进行PCR指纹研究中，高质量模板是反应进行的基础。质量好的DNA分子量至少保留50 kb；有清晰和强的PCR扩增式样；可被限制性内切酶完全消化。因此实验中获得一个高分子量DNA，是进行DNA遗传标记分析的基本前提条件，对于草原红牛、蒙古牛、夏洛来牛、利木赞牛、西门塔尔牛等大动物来说，通过血液提取DNA是现实可行的方法，但DNA含量明显低于从肝脏中提取的。

在用常规酚、氯仿抽提之后，DNA溶液中常有残留的酚、氯仿等有机溶剂及蛋白质等杂质，而这些有机溶剂的残留会抑制Taq酶活性。因而在抽提过程中采用以下几点：增加酚、氯仿抽提的次数以减少蛋白质等杂质的残留；在进行乙醇沉淀DNA的步骤时，用手水平旋转离心管使其沉淀而代替离心机离心沉淀，再用枪头小心挑出此沉淀，用70%乙醇淋洗2～3次，最后要尽量挥发掉乙醇，这样一是使蛋白质等杂质最大限度地减少；二是可彻底去除残留的酚、氯仿等溶剂。多次酚、氯仿抽提虽然使DNA的量大大减少，但微卫星标记反应对模板DNA的需要量要求不是很高，获得高纯度DNA模板，这样既可节省Taq酶用量，又可使反应避免因其它不明因素的影响。采血后，应用肝素抗凝，在一周内把全部DNA提取完。如存放时间较长则采用EDTA抗凝，把血液离心后，吸去上清液保存，这样可以防止大量血细胞离体后由于溶血等原因破裂释放出大量酶而导致DNA降解。通常把DNA原液放在 -20℃冰箱保存。尽量减少DNA反复冻溶，使其少降解，而提高扩增反应效率。

（2）PCR反应条件的确定。影响PCR扩增效果的因素主要包括PCR技术所涉及的任何反应因子和循环条件。主要包括以下几点：① Taq DNA 聚合酶的浓度；② DNA模板的浓度；③微卫星引物的浓度；④ dNTP浓度；⑤ Mg^{2+} 浓度，Mg^{2+} 是Taq酶不可缺少的辅助因子，反应中，引物、模板、PCR产物和 dNTP 均可结合 Mg^{2+}；⑥ 温度循环下参数（预变性、变性、复性、延伸、退火的温度和时间，以及循环的次数）。杨丽萍等（1999）[63] 对家兔 RAPD 分析体系中 Taq DNA 聚合酶、$MgCL_2$、引物的浓度、DNA 模板的浓度分别进行不同水平上优化选择。帅素容等（1998）[64] 对 PCR 反应中 Mg^{2+} 进行筛选，从而选出最适合浓度。本实验采用正交设计原理，从统计模型上加以优化条件。在扩增反应中，dNTP 可 1∶1 结合 Mg^{2+}，其浓度的细微升高就可大大降低自由 Mg^{2+} 的浓度，从而阻止反应进行。因而实验中反复优化 dNTP 的浓度。

采用正交试验设计（正交试验法或正交设计法）是利用正交表来安排试验，应用这个表安排的多因素试验，通常是参加试验的全部因素、水平的部分试验，但由于正交法是有正交性，所以用正交法安排试验就会有均衡分散和整齐可比的特性。可以通过这些部分试验了解全部试验情况和因素之间内在规律，尽快找到最优水平组合[65]。在条件选择中以条带出现最清楚为首要前提，试剂用量少、价格低、反应时间短为最优选择。

（3）热循环参数的筛选。①变性温度及时间。本实验选用 92℃、93℃、94℃、95℃ 4 个温度，每个温度分别用 15 s、30 s、45 s 进行扩增，经琼脂糖电泳检测，考虑到节约时间、有利于酶活性和费用等原则，我们选用退火温度和时间为 94℃、30 s。②延伸温度及时间。我们参考了有关文献资料后，选出了 70℃、72℃、74℃ 3 个温度和每个温度下的 3 个时间 30 s、45 s、60 s 进行扩增，结果表明 72℃、45 s 是理想的条件。③退火温度即及时间。在本次实验中，以引物 BM1824 为例，通过查文献选定几个退火温度：57℃、58℃、59℃、60℃、61℃、62℃、63℃。④循环次数的选择。分别用 25、30、35、40、45 次 5 个不同的循环次数进行实验，考虑到时间和扩增效果，实验采用了 30 个循环。⑤ Taq DNA 聚合酶。由于扩增片断是 100～300 bp 大小，故未采用高保真 Taq DNA 聚合酶。普通 Taq DNA 聚合酶效果很好。

（4）影响 DNA 指纹多态性水平的因素。①物种遗传背景。本实验研究的草原红牛、蒙古牛杂合度高，通过微卫星标记显示两群体的多态性水平较高，而西门塔尔牛、利木赞牛、夏洛来牛均是从国外引进的纯种牛，遗传背景狭窄，纯合度较高，故多态性低。通过微卫星标记研究 5 个群体的遗传多样性。

②跟引物序列有关。我们选用的引物是参考 Genbank 和有关文献合成的，引物选择的好坏直接关系到结果。结果表明 IDVGA2 多态性最高，为 0.686 1，而 BM2113 多态性最低，为 0.371 1。③跟引物在相应位点多态性有关。有的引物在某些位点多态性就好一些，而在其它位点则多态性就较差。BM1824 在夏洛来牛为 0.375 0，而在蒙古牛为 0.675 6。

（5）银染方法的探讨。目前，PAGE 反应后，多采用银染方法显示所需条带。通过对比实验发现：同时采用两种方法显色。第一种方法用溴化乙锭（EB）溶液染色，其主要用 0.05% 浓度 EB 溶液染色 30 min，然后置于紫外检测仪上观察；第二种方法即本实验采用的银染方法，染色结束后观察。结果 EB 染色仅能观察到极弱 EB 着色带，通过延长染色时间，加大加样量等方法，仍不能清晰地在紫外透射仪上检测到电泳条带，且 EB 有强致癌性。而银染则能达到所需要求，后者比前者的灵敏度要高得多，且无毒，操作也简便。Comincini 等（1995）也报道了用银染法检测牛微卫星多态性的方法。另外报道的第三种显色方法是：同位素放射自显影，此方法灵敏性高，非常可靠性，但同位素照射的危险，且操作繁琐。第四种方法是：荧光染料标记法，虽然无危险，但灵敏性差，操作烦琐。综合比较以上 4 种方法，本实验采用银染方法。温度是影响银染效果的主要因素。当 Na_2CO_3 在试验室温度（23℃左右）时显色，则条带显色快速，但背景颜色也相应加深、速度加快而不易控制最佳时间，这与郭雄明硕士论文中报道一致，故实验中采用显影液在 4℃预冷。在显影液中加入过量甲醛，则显影速度加快（约 6 min 即可），但背景同样也加深、加快。银染对溶液配制要求非常高，最好蒸馏水现用现配。

分离片断的 PAGE 和琼脂糖选择：琼脂糖可以区别 500 bp 至 30 kb 长度片断。因为不同大小 DNA 片断在不同浓度琼脂糖凝胶上以不同速率迁移，因此，要选择适合其大小范围最佳的分离浓度，由于 4% 琼脂糖在溶解时不易控制温度且在 4% 琼脂糖中无法准确分离开 100～300 bp 片断，考虑本实验分离的 DNA 片断为 100～300 bp，故选择 PAGE。PAGE 优点有：8% PAGE 能够分辨 100 bp 长的 DNA 片断 1 bp 的差异；从聚丙烯酰胺胶分离 DNA 样品通常没有污染，因此可直接用于最需要的目的，制作 DNA 指纹图谱。缺点是单体聚丙烯酰胺具有神经毒性，凝胶在制备和电泳过程存在有害物质。

微卫星位点电泳分析：在 PCR 扩增以后，PCR 产物在变性聚丙烯酰胺序列胶上分离时，由于杂合个体在 PCR 后期循环中会产生异源双链分子，导致杂合个体在胶中出现 3 条或更多条带，而不是正常 1 条或 2 条带，出现这种情况会干扰等位基因的统计。在符合大小范围内，微卫星位点的共显性遗传产生一条（纯合子）或两条（杂合子）带，有时会出现几条弱带，这是 PCR 扩增的赝带。微卫星标记的缺点主要就是"影子带"的形成。目前认为是由于 DNA 滑动错配引起的。为防止"影子带"干扰结果，应多次抽提 DNA 模板；严格控制 PCR 条件；提高重复实验；增加引物数量，使"影子带"尽可能减少、变浅，与主带易于区别，减少误差或将这些弱带排除在数据分析之外以减少或排除这种实验误差。根据 Genbank 和文献资料把实验结果中小于 100 bp 或大于 300 bp 较弱且不稳定的带，排除在统计数之外。

（6）5 个群体间的亲缘关系分析。关于群体间遗传距离，从遗传学观点来看，遗传距离最适宜测度应是单位长度核苷酸或密码子的差数，Nei 提出了一个从大量位点基因频率数据估算每个位点平均密码子差数的统计方法。群体间遗传距离是测定不同群体亲缘关系的标准，弄清群体间亲缘关系远近又对了解群体间的分化程度、利用杂种优势理论指导实际生产有着重要意义。本实验通过计算出 5 个品种牛间的遗传距离，从分析结果可以看出，草原红牛与蒙古牛间遗传距离最近，仅有 0.278 6；与夏洛来牛的遗传距离为 0.305 9；与利木赞牛的遗传距离为 0.389 2；与西门塔尔牛的遗传距离最大，为 0.418 4。证实了草原红牛是由蒙古牛培育而成的，故草原红牛先和蒙古牛聚为一类，再与夏洛来聚为一类，然后再与利木赞聚为一类，最后与西门塔尔聚为一类。查阅历史文献可知，以上结果与实际育种事实相符。草原红牛是由短角牛和蒙古牛培育而成的。夏洛来牛原产于法国中部、西部、东南部，1850 年从英国引入白短角牛进行杂交。利木赞牛原产于法国中部，1850 年开始培育。由于地理位置缘故，夏洛来牛和利木赞牛二者亲缘较近。而西门塔尔牛原产于阿尔卑斯山区，以瑞士西部居多。公元前 5 世纪，瑞典向瑞士西方移民，带来勾特牛，经与当地牛杂交和选育，培育成现代品种，由于离中国距离较远故与草原红牛遗传距离也最远。

（7）8对引物的选择和比较。根据微卫星选择标准：每个微卫星位点至少应有4个等位基因方能较好地用于遗传多样性评估。Bioshop等在肉牛中检测到BM1329有8个等位基因，检测片断大小为145～161 bp。本研究由于分析的样本量较少，我们不能排除不同品种牛在这相应微卫星位点还存在新的等位基因和新的基因型，这需要以后扩大样本作进一步分析。在遗传连锁分析中，PIC值大于0.70的微卫星DNA为最理想选择标记，因为在这种情况下，双亲在该位点通常是杂合的，在其后代中可以清楚地观察到等位基因分离。本实验中IDVGA2和IDVGA44平均PIC值为0.686 1、0.683 1，接近0.70，故二者是比较理想微卫星引物。自微卫星DNA广泛应用于定位家畜数量性状位点，但这些研究工作需要测定大量（一般需要上百个）微卫星DNA位点，以便能覆盖绝大部分基因组。不论是工作量还是研究经费对于一般实验室来说，都是难以承担的。因此在设计本实验时，我们尽量选用在Genbank或已发表与某些品种牛生产性能相关微卫星DNA引物，以便能从尽量小范围内找到与其生产性能相关的微卫星位点。选取的8对引物，其扩增条带的数量、多态性以及片段大小都有较大差别。通过对各对引物扩增结果进行单独统计分析，发现引物IDVGA2扩增条带的清晰度最好，且多态性较高可作为分子标记应用于相关研究。

（8）微卫星标记DNA池单、多重PCR反应体系的设计。DNA池比较全面地包含了该群体所有遗传信息，故对它的研究更加有着现实意义。Morral和Estivill（1992）将PCR条件控制到最佳状态，采用了一次PCR反应同时包括几对引物的多重PCR（multiplex PCR）策略，其结果是一次反应可同时检测到几个微卫星位点。多重PCR技术，结合PAGE及高敏感度银染方法，具有的优点是：迅速、省时。一次PCR反应可以扩增多个多态性片断，作一次变性PAGE即完成分析。如果采用多彩荧光标记PCR，可以进一步节约检测时间、节省经费、方法简便。降低检测成本，节约昂贵的酶和引物等。减少污染机会。本实验采用对DNA池单、多重PCR扩增。

（9）关于5个群体的混合DNA池与个体扩增结果的比较。本次实验的混合 DNA 池分别由夏洛来牛、西门塔尔牛、利木赞牛、草原红牛、蒙古牛的基因组 DNA 等量混合而成。用 8 对引物对个体及个体所在的群体的混合 DNA 池的扩增结果可见，在个体扩增产物中出现的弱带，在群体的扩增产物中也出现较弱的带；在多数个体扩增产物中出现的带，在群体的扩增产物中也出现，由混合 DNA 池所得到的扩增结果可见，其带数较个体扩增产物的带数没有变化，带型明显且清晰易辨，共有条带在多重 PCR 上颜色要深些，个别条带则颜色较浅。即群体扩增产物出现的多态性比个体的更为丰富且清晰。这是由于：第一，群体所包含遗传信息量更大，代表了一定群体的遗传信息，每个 DNA 池比较全面地包含了该群体所有信息，故对 DNA 池的研究就是对其种群系统研究。有些在个体的扩增中由于信息含量少的模板产生的结果不明显而在群体的扩增反应中由于遗传物质数量累加作用而产生较清晰的结果，产生的多态性更为丰富。第二，由于微卫星指纹技术具有基因共显性的特点，即一个扩增产物可能包含几个分子量相同的片段，因而群体作为样本的扩增产物更加明显易辨。这对于扩增条带数目的统计、扩增产物分子量的计算、群体间特异性片段的寻找和标记都提供了方便。在此基础上进行特异性的扩增产物与重要数量性状的相关性研究较之在个体基础上进行的此类相关性研究更加方便、可靠。

关于微卫星多重 PCR 反应体系的探讨：多重 PCR 是在同一扩增反应中，加入多对引物，这些引物各自结合在靶 DNA 相应的部位，从而扩增出多个特异的 DNA 片断。多重 PCR 反应体系中各引物交叉结合二非特异性扩增的可能性很小，这就保证了多重 PCR 的特异性和敏感性。可以通过研究扩增的区域、片断的相应大小、引物的动力学和调节多个片断 PCR 技术达到最优化。胡毅玲等（2001）[66] 多重 PCR 在肿瘤遗传标志分子流行病学研究中的应用中探讨了 PCR 优化条件。杜玲珍等（1998）多重聚合酶链反应检测了 vWF 基因内的微卫星 DNA 与 vWD 患者家系的关系。徐迎宁等（2001）[67] 结合牛的微卫星标记对筛选微卫星多重 PCR 的方法进行了详细的探讨。

引物的设计及浓度选择：引物设计除按通用准则外，要求选择的引物与靶基因有高度特异性，彼此无同源性，不会出现交叉错配情况，不同引物复性温度要接近，确保在同一复性温度不同引物均能扩增成功，扩增片断至少大于 150 bp，相差 40 bp 以上，可用 PAGE 进行分离。先对不同引物进行单一 PCR，确定单一 PCR 最佳浓度，然后用各对引物比较接近的一个浓度进行多重 PCR 实验。多对引物会增加 3′ 末端引物互补的可能性，形成引物二聚体；序列和引物不同的多重 PCR 也有可能发生一个扩增子抑制另一个扩增子的情况。长扩增子扩增效果比短扩增子效果要好，因为长扩增子在竞争性利用模板、酶等方面占有优势。通过后加短扩增子引物的方法或降低短扩增子引物的方法来解决。

Mg^{2+} 和 dNTP 浓度：Mg^{2+} 和 dNTP 是 PCR 反应体系中两个重要成分，Mg^{2+} 浓度在很大程度上影响扩增的特异性。本实验采用浓度梯度的方法。

模板浓度和 TaqDNA 聚合酶：经检测模板浓度，使模板浓度满足多重 PCR 的要求。在充分考虑模板浓度，适当加以调整；随着引物对的增多，聚合酶的量也要相应增加。

退火温度和热循环次数的优化：在多重 PCR 反应中，影响其扩增效率的主要有复性温度和延伸时间。首先确定最佳复性温度，然后，随着扩增基因座位数目的增加，延伸时间也应延长。在最佳 Mg^{2+} 和 dNTP 的浓度范围内通过延长延伸时间来提高扩增产量，比单纯增加 Mg^{2+} 和 dNTP 的浓度更为有效，且不会产生明显非特异性扩增。多重 PCR 反应的循环次数比单个 PCR 反应多 3～15 次。

关于 DNA 池多重 PCR 扩增：根据单 DNA 多重 PCR 优化方法，选择扩增产物在 150 bp 以上，相差 50 bp，退火温度相近不超 5℃的多个引物组，组内引物之间在 3′ 端不能出现互补的序列，否则反应中会出现引物二聚体。经过实验优化和选择，最后 IDVGA55 和 IDVGA46；TGLA44 和 BM1824 为两重 PCR 引物组。TGLA44、BM1824 和 IDVGA55 为三重 PCR 引物组。单个 PCR 扩增的片断在 DNA 池的多重 PCR 扩增中全部扩出。说明 DNA 池的多重 PCR 完全可以代替多个常规 PCR 反应。通过比较发现 DNA 池的单重 PCR 较之其它是最好的选择。

竞争和干扰：在多重扩增中，竞争资源有可能导致人工物。随着每次循环，会加剧产生不同的扩增片断。多组引物增加了在引物 3′ 端互补的可能性，导致生成"引物二聚体"。这种作用可以通过控制引物浓度和循环条件而减少。

（10）5个品种的遗传多样性。对于夏洛来牛、利木赞牛、西门塔尔牛等国外著名品种来说，群体不断淘汰不利基因，纯化有利基因，使群体基因型趋于纯合；并且在长期封闭繁育中没有外血导入，从而导致遗传基因多样性的低水平。用多态信息含量（PIC）描述微卫星位点的变异程度，当 PIC > 0.5 时，为高度多态；0.25 < PIC < 0.5 时为中度多态；而 PIC < 0.25 时为低度多态。夏洛来牛、利木赞牛、西门塔尔牛群体 PIC 分别是 0.567 08、0.528 25、0.528 16，而草原红牛、蒙古牛群体 PIC 则达到了 0.658 23、0.616 45，高于国外的 3 个品种，这表明中国地方牛的遗传多样性高于外来品种，这说明微卫星位点的变异程度能反映品种间的特异性[68]。由于实验和数据计算方法的不同，其品种遗传多样性的大小有差异，如有的实验样本为随机取样，而有的实验所用样本均为利用原产地近交程度较高的基础群经过封闭或近交培育而建成的品系；另外，所选的微卫星位点数目不同是导致结果不同的另一重要原因。较高的遗传多样性表明这个品种有较强的环境适应能力和进化潜力，因而可供育种的遗传素材也较丰富。草原红牛是有计划地引入优秀国外品种与本地蒙古牛杂交而育成的培育品种，通过有效的选择和淘汰，在保持本地蒙古牛的优秀遗传物质基础上又吸收了国外品种的优秀基因，从而造成了草原红牛有较高的遗传多样性。夏洛来牛、西门塔尔牛和利木赞牛属国外优秀品种，经过长期近交和人工选育产生基因分离并使部分等位基因丢失，座位多态性降低，从而使多态信息含量降低。当位点不多、多态性不高时相应的样本群体需要较大的取样个体数目。由于长期的近交和人工选育产生近交分化，群体中不断淘汰不利基因，纯化有利基因，使群体基因型趋于一致和纯合，而导致了遗传基因多样性的低水平。一般来说，群体的进化时间越长，群体的基因杂合度就越高。

（11）各座位的等位基因数。本实验所选用的 8 对微卫星位点扩增的等位基因数介于 2 ~ 6 个，小于 Genbank 公布的数目，也小于延边农学院金海国课题组公布的相关数据。主要原因可能是我们所建的 5 个品种群样本数少；国内外有些研究单位，技术力量强、设备好、样本数量大，对微卫星条带的判读更准确，所以结果多态性高、等位基因数目多。本实验采用的是常规银染方法，由于等位基因数判读的准确性决定了实验最终结果，如果采用基因芯片等先进技术，将会大大提高研究成果的准确性和科学性。

（12）特异带的寻找。草原红牛系采用英国短角牛与当地蒙古牛级进杂交、横交固定和自繁提高等 3 个阶段培育而成，具有生长发育快、生产性能高、适应北方寒冷地区气候条件、耐粗饲等优点。过去草原红牛的育种工作，多采用传统方法，本实验采用微卫星标记技术从遗传物质 DNA 分子水平进行研究探讨，进而揭示其遗传特性。本实验通过对单引物 DNA 扩增、单引物 DNA 池的扩增和多引物 DNA 池扩增发现，引物 BM1824 在 MG 牛 215 bp 和引物 IDVGA46 在 RSC 牛 249 bp 各扩增出一条特异带，而其它品种牛则没有的特异性条带。这条特异性条带的发现对于研究草原红牛的种质特性提供依据，在下一个实验草原红牛生长发育和肉用性能微卫星标记的研究中，将对特异带进行基因定位，分析特异带与何种生产性能相关，探讨特异带与决定某生产性能基因或 QTL 的连锁关系，可以作为草原红牛育种的辅助选择（MAS），结合传统的育种方法，这为揭示 DNA 分子的遗传本质提供了科学的方法，为今后肉用草原红牛的选育工作提供理论指导和技术支持。

第二节　草原红牛生长发育和肉用性能微卫星标记的研究

利用微卫星 DNA 多态性，进行不同群体之间的生产性能差异显著性分析，从而寻找与肉用生产性状位点相连锁的遗传标记，为开展分子育种和遗传标记辅助选择提供科学依据。目前，此类研究越来越受到国内外学者的重视，并已取得了一些研究成果。其中在肉牛方面，国外有关于皮埃蒙特牛与契安尼娜杂种牛的研究；国内有关于延边黄牛、利木赞牛及二者杂交牛（F_1）群体的研究报导。草原红牛是发展我国特色牛肉产业的品牌优势所在，因此以草原红牛为试验牛群体研究其生产性能与遗传标记之间的关系旨在为草原红牛肉用新品系的培育提供理论依据。

一、仪器与材料

试验动物：本试验用草原红牛 30 头，含 1/2 和 1/4 利木赞血的草原红牛杂种牛均为 6 头，由吉林省农科院育肥牛。

主要生化试剂及主要实验仪器：同本章第一节。

二、方　法

基因组 DNA 的提取、引物的合成、微卫星位点的单多重 PCR 扩增反应、产物的检测、基因型的判读同本章第一节。

三、数据分析

（一）牛生产性能测定

选择出生后 8 月龄、身体健康、生长发育良好的公牛，进行 305 d 舍饲育肥，在育肥期结束时测定牛的体重、体尺等生产性状指标，进行肉牛肌肉度线性评分，并屠宰测定其肉用性能（屠宰程序按我国肉牛屠宰试验暂行标准）。结果见表 3-15。

表 3-15　生产性能测定项目

生长性状	屠宰肉用性状	肌肉度线性评分性状
体重、尻长、腰角宽、坐骨端高胸深、胸宽、日增重、体高、体长、胸围、十字部高、腿围、	屠宰率、净肉重、胴体重、净肉率	肩部、臀部外形、大腿肌、腰厚、耆甲

肌肉度评分性状采用意大利皮埃蒙特肉用牛线性体型评分方法中的肌肉度评分标准，见表 3-16。

表 3-16　肉牛肌肉度线性评分标准

分数	肩部	腰宽	大腿肌	耆甲	臀部外形	腰厚
9	肌肉非常发达	非常宽	非常发达	非常宽	非常好的圆形	非常厚
8	肌肉很发达	很宽	很发达	很宽	较好的圆形	很厚

（续表）

分数	肩部	腰宽	大腿肌	耆甲	臀部外形	腰厚
7	肌肉发达	宽	发达	宽阔	圆形	厚
6	肌肉尚可	稍宽	稍发达	稍宽	稍圆	稍厚
5	一般	适中	适中	适中	一般	一般
4	稍瘦	稍窄	欠发达	稍窄	稍直	稍瘦
3	瘦	窄	不发达	窄	直	薄
2	很瘦	很窄	很不发达	很窄	稍瘠薄	很薄
1	非常瘦	非常窄	非常不发达	非常窄	瘠薄	非常薄

（二）基因型分析

同本章第一节。

（三）微卫星标记生产性能的方差分析

本实验所用牛的年龄、性别、身体状况以及饲料、饲养管理等其他试验条件一致，因此采用二因素交叉分组的试验设计，其固定模型为：$Y_{ij}=u+\alpha_i+\beta_j+e_{ij}$。其中 Y_{ij} 为个体表型记录，α_i 为品种效应，β_j 为标记效应，e_{ij} 为随机误差。根据各微卫星标记基因型分析结果和各生产性状测定结果，运用SPSS 统计软件（version10.0）中 GLM 对数据进行非均衡资料的方差分析，对不同标记基因型间生产性状指标（平均数 ± 标准差）差异显著性进行检验并进行多重比较。如果拥有某一基因型的个体某一生产性状均值显著高于拥有其他基因型个体均值间，说明这一标记基因型与该生产性状间存在相关性，再进一步分析等位基因的效应。

（四）利用一般线性模型（General Liner Model，GLM）对不均衡数据进行方差分析

以各种微卫星位点为标记效应组成固定模型，对各生产性能进行统计。

（五）对微卫星位点不同基因型各性状均值差异显著性检验

由于一些位点中某些基因型的出现频率太低，缺少分析价值，在实际统计分析中每种基因型至少有 3 个观察值才被考虑。在本研究的群体中，IDVGA46 的基因型 AC 和 BC 观察值分别只有 1 个和 2 个，BM1824 的基因型 AC、BD 和 DE 观察值分别只有 2 个、2 个和 1 个，IDVGA2 的基因型 BD、CD 和 DE 观察值分别只有 1 个、2 个、1 个，以上基因型观察值由于均小于 3 个，因此在统计分析中不予考虑。

3 个微卫星位点不同基因型各性状均值（平均数 ± 标准差）差异显著性检验的 SPSS 之多重比较（LSD）结果见表 3-19 至表 3-21（表中各性状单位如下：体重、胴体重和净肉重为 kg；日增重为 g；屠宰肉用性状屠宰率和净肉率为 %；生长性状十字部高、体高、腿围、体长、胸围、尻长、坐骨端高、胸深、胸宽、腰角宽为 cm；肌肉度线性评分性状大腿肌、肩部、腰厚、耆甲、臀部外形为分）。

四、结果与讨论

（一）草原红牛育肥屠宰部分统计结果

结果见表 3-17、表 3-18。

表 3-17　草原红牛育肥屠宰统计结果

牛号	开始重（kg）	结束重（kg）	增重（kg）	日增重（g）	宰前（kg）	胴体（kg）	屠宰率（%）
49	142	490	348	1 137	466	269.50	57.83
9923	142	436	294	961	413	227.00	54.96
223	171	516	345	1 127	490	277.50	56.63
167	147	506	359	1 173	490	289.00	58.98
245	137	459	322	1 052	442	243.00	54.98

（续表）

牛号	开始重（kg）	结束重（kg）	增重（kg）	日增重（g）	宰前（kg）	胴体（kg）	屠宰率（%）
115	155	436	281	918	416	243.35	58.50
9907	162	513	351	1 147	501	291.00	58.08
213	143	471	328	1 072	446	258.10	57.87
121	179	531	352	1 150	503	299.00	59.44
9981	176	529	353	1 153	510	294.00	57.65
9993	177	494	317	1 036	480	263.00	54.79
47	196	504	308	1 007	477	270.00	56.60
99	151	481	330	1 078	466	258.00	55.36
151	153	496	343	1 121	469	282.50	60.23
195	151	500	349	1 141	481	282.00	58.63
39	176	523	347	1 134	504	290.00	57.54
9915	142	470	328	1 072	440	260.50	59.20
61	156	476	320	1 046	466	280.00	60.09
199	150	500	350	1 144	493	292.50	59.33
65	166	491	325	1 062	478	288.50	60.36
53	147	477	330	1 078	465	275.00	59.14
237	147	499	352	1 150	486	279.00	57.41
177	146	486	340	1 111	472	273.50	57.94
71	187	525	338	1 105	502	302.50	60.26
215	147	503	356	1 163	481	286.00	59.46
165	168	550	382	1 248	532	306.00	57.52
169	182	536	354	1 157	518	297.50	51.43
155	177	519	342	1 118	500	290.50	58.10
75	159	491	332	1 085	472	274.50	58.16

表 3-18　草原红牛育肥屠宰统计结果

牛号	净肉重（kg）	净肉率（%）	脂肪分布（kg）	脂肪厚度（cm）	肉骨比	肾脂重（kg）	胴体产肉率（%）
49	227.50	48.82	85	0.6	5.42	7.5	84.23
9923	189.00	45.76	80	0.6	4.97	4.0	83.26
223	233.50	47.65	85	0.5	5.31	6.0	84.14
167	244.00	49.79	90	0.8	5.42	11.0	84.43
245	203.00	45.93	80	0.6	5.08	9.5	83.54
115	203.85	49.00	85	0.4	5.17	7.3	83.77
9907	248.00	49.50	85	0.6	5.77	11.5	85.22
213	218.60	49.01	85	0.6	5.53	12.5	84.69
121	254.25	50.55	85	0.5	5.68	8.0	85.03
9981	249.00	48.82	85	0.5	5.53	13.0	84.69
9993	219.50	45.73	85	0.5	5.05	7.0	83.46
47	226.00	47.38	85	0.4	5.14	8.0	83.70
99	217.00	46.57	85	0.6	5.29	8.0	84.11
151	237.50	50.64	80	0.3	5.28	7.5	84.08
195	236.00	49.06	80	0.4	5.13	6.5	83.69
39	246.50	48.91	85	0.2	5.67	8.0	85.00
9915	217.50	49.43	80	0.3	5.06	6.5	83.49
61	236.00	50.64	85	0.4	5.36	7.5	84.29
199	250.00	50.71	80	0.4	5.88	6.5	85.47
65	242.50	50.73	80	0.2	5.27	6.5	84.06
53	236.00	50.75	80	0.2	6.05	5.5	85.82
237	232.50	47.84	80	0.2	5.00	7.5	83.33
177	228.50	48.41	80	0.4	5.08	7.5	83.55
71	258.50	51.49	85	0.4	5.88	8.5	85.45
215	243.50	50.62	85	0.4	5.73	7.5	85.14
165	257.00	48.31	85	0.4	5.24	7.5	83.99
169	248.50	47.97	85	0.2	5.07	5.0	83.53
155	242.00	48.40	85	0.3	4.99	6.5	83.30
75	233.00	49.36	80	0.4	5.61	8.5	84.88
221	240.00	49.18	85	0.5	5.85	9.0	85.41

（二）对微卫星位点不同基因型各性状均值差异显著性检验

表 3-19 为微卫星位点 IDVGA46 不同基因型各性状均值差异显著性检验结果。在肩部、大腿肌 2 个肌肉度评分性状上，基因型 AD 极显著（$P < 0.01$），小于基因型 AA、BB 以及 AB，同时也小于基因型 EF；以上结果表明等位基因 D（211 bp）对 2 个肌肉度评分性状肩部、大腿肌有负相关。等位基因（205 bp）在腰厚方面有正相关。在胸深、坐骨端高等生长性状方面，基因型 BF 极显著高于 AA、BB 及 AB，表明等位基因 F（249 bp）对牛的生长性状有正相关。

表 3-19　位点 IDVGA46 不同基因型各性状均值差异显著性检验

项　目	基因型				
	AA 203/203	BB 205/205	AB 203/205	AD 203/211	BF 245/249
样本数	5	10	12	10	5
十字部高	143.5±1.5 b	143.9±3.6 B	143.3±1.7 B	144.3±3.1 a	143.4±3.6 b
腰　围	117.0±3.0 a	115.7±3.5 a	113.5±3.7 a	117.0±3.3 a	117.7±3.3 a
体　长	153.3±1.5 a	153.3±3.0 a	151.0±3.3 a	150.0±3.7 a	153.0±7.7 a
体　高	130.7±4.5 ab	139.4±4.3 b	137.4±3.5 bB	134.7±3.6 a	131.4±3.6 ab
胸　围	175.0±3.5 a	174.0±4.5 a	173.3±4.6 a	171.7±4.5 a	173.6±3.6 a
胸　深	67.7±1.3 a	67.3±3.1 a	67.6±1.4 a	70.1±4.6 a	74.3±3.7 aA
坐骨端高	131±3.6 a	119.3±3.6 b	117.5±3.3 b	123.5±3.5 a	143.0±3.4 aA
腰角宽	47.3±4.0 a	50.5±3.1 a	47.0±3.3 a	47.7±3.7 a	49.5±1.9 a
胸　宽	45.7±1.3 a	44.3±1.9 a	44.1±1.9 a	46.0±1.7 a	46.6±1.5 a
净肉率	50.3±3.5 a	49.3±1.3 a	49.3±1.6 a	49.3±1.0 a	49.6±0.9 a
腰　厚	6.67±0.39 a	7.29±1.51 aB	6.73±0.96 a	6.50±1.07 a	6.60±0.35 a
肩　部	6.73±0.39 a	6.55±1.31 a	6.31±0.77 a	5.63±0.95 aB	6.40±0.55 a
耆　甲	5.73±0.39 a	5.37±1.53 a	5.70±1.30 a	5.50±1.77 a	5.60±0.65 a
臀部外形	6.73±0.39 a	6.50±1.39 a	6.75±1.05 a	6.43±1.03 a	6.70±0.91 a

（续表）

项　目	基因型				
	AA 203/203	BB 205/205	AB 203/205	AD 203/211	BF 245/249
大腿肌	6.73±0.39 a	6.70±1.44 a	6.76±1.07 a	5.47±1.11 aB	6.76±0.71 a
体　重	490.5±33.7 a	490.1±33.7 a	476.4±37.6 a	477.0±30.9 a	499.6±19.6 a
日增重	1104.7±133.3 a	1073.3±91.3 a	1079.7±63.3 a	1071±63.0 a	1077.7±94.5 a
胴体重	373.73±7.90 a	376.73±19.9 a	369.6±31.1 a	370.77±15.1 a	375.3±15.7 a
屠宰率	56.9±1.1 a	56.5±1.3 a	56.4±1.7 a	56.6±1.3 a	56.5±1.7 a
净肉重	341.3±7.3 a	333.4±17.7 a	337.9±31.4 a	337.7±15.4 a	341.0±15.6 a
尻　长	50.3±0.77 a	49.35±1.56 a	47.7±3.03 a	49.3±1.37 a	50.3±1.0 a

注：在同一行中标有不同字母 a，b，c 等小写字母的均值间差异显著（$P < 0.05$）；标有 A，B，C 等大写字母的均值间差异极显著（$P < 0.01$）。表 3-20、表 3-21 同。

表 3-20 为微卫星位点 BM1824 不同基因型各性状均值差异显著性检验结果。在腿围（体尺）性状上，基因型 DF 和 CE 相对于 AB 差异达到极显著水平（$P < 0.05$），表明等位基因 C（211 bp）对腿围性状有正相关；在净肉重性状上，基因型 CE 显著高于 AB（$P < 0.05$），且 CE 也高于 BB 和 DF（$P > 0.05$），表明等位基因 C（211 bp）对净肉重性状有正相关。表明等位基因 C（211 bp）对净肉率性状也具有正相关。

表 3-20　微卫星位点 BM1824 不同基因型各性状均值差异显著性检验

项　目	基因型			
	AB 207/209	BB 209/209	CE 211/215	DF 213/215
样本数	8	12	13	9
十字部高	133.9±1.97 a	133.7±1.73 a	133.1±4.4 a	134.3±3.7 a
腿　围	105.1±3.1 ab	103.5±4.3 bB	109.1±3.6 A	107.5±3.1 aA
体　长	153.4±3.5 a	151.6±3.3 a	153.1±3.1 a	154.5±3.7 a
体　高	130.3±3.9 a	137.9±4.1 a	130.1±4.1 a	130.7±3.7 a
胸　围	174.4±3.9 a	173.3±4.6 a	173±4.5 a	174.7±4.4 a

（续表）

项　　目	基因型			
	AB 207/209	BB 209/209	CE 211/215	DF 213/215
胸　深	67.7±1.3 a	67.3±1.7 a	67.3±1.4 a	67.6±1.7 a
坐骨端高	119.9±3.3 a	119.7±3.7 a	130.1±3.4 a	131.3±3.7 a
腰角宽	50.4±1.7 a	47.7±3.1 a	49.6±3.3 a	49.3±3.7 a
胸　宽	44.7±1.6 a	44.5±3.0 a	45.1±3.3 a	44.7±3.4 a
净肉率	49.3±1.7 a	49.6±1.7 a	50.9±0.9 aB	47.7±1.3 a
腰　厚	6.64±1.03 a	6.00±1.09 a	6.63±1.37 a	6.65±0.64 a
肩　部	6.76±0.95 a	6.37±1.01 a	6.60±1.37 a	6.97±0.71 a
耆　甲	7.00±1.16 a	6.03±1.37 a	6.71±1.73 a	7.05±0.71 a
臀部外形	6.37±1.4 a	6.33±1.13 a	6.91±1.55 aB	6.97±0.71 aB
大腿肌	6.76±1.35 a	6.57±1.34 a	7.05±1.73 a	7.13±1.04 a
体　重	473.64±31.74 a	477.73±39.10 a	491.76±39.96 a	511.67±19.13 a
日增重	1070.3±93.7 a	1073.4±76.0 a	1099.6±75.9 a	1136.1±30.5 a
胴体重	373.34±33.61 a	367.77±30.73 a	377.50±9.17 a	373.93±30.37 a
屠宰率	57.37±1.69 a	57.76±1.57 a	59.13±1.04 a	57.49±3.71 a
净肉重	330.05±30.73 b	330.04±17.75 b	339.63±9.31 ab	329.17±11.36 a
尻　长	49.31±1.75 ab	47.97±1.53 bB	49.77±1.17 aA	49.47±1.36 a

表 3-21 为微卫星位点 IDVGA2 不同基因型各性状均值差异显著性检验结果。在肩部、大腿肌、臀部外形 3 个肌肉度评分性状上，基因型 AC 极显著（$P < 0.01$）或显著（$P < 0.05$）小于基因型 AB、EF 以及 BB，同时也小于基因型 AA；对腰厚性状，基因型 AC 显著（$P < 0.05$）小于基因型 EF，同时也小于基因型 AA、AB 以及 BB。以上结果表明等位基因 C（209 bp）对 4 个肌肉度评分性状肩部、腰厚、大腿肌、臀部外形有负相关。在胴体重、屠宰率、净肉重和净肉率等屠宰肉用性状方面，基因型 AC 显著或极显著低于 BB、AB 及 EF，表明等位基因 C（209 bp）对牛的肉用性能有负相关。

表 3-21　微卫星位点 IDVGA2 不同基因型各性状均值差异显著性检验

项　目	基因型				
	AA 205/205	BB 207/207	AB 205/207	AC 205/209	EF 213/215
样本数	4	6	14	9	9
十字部高	130.75±3.5 a	134.00±5.30 a	134.30±3.63 a	131.00±1.37 a	133.39±3.31 a
腿　围	105.00±5.47 a	107.33±3.33 a	105.30±3.55 a	106.50±4.79 a	106.67±3.17 a
体　长	151.00±1.73 a	153.33±4.04 a	153.77±3.37 a	151.33±3.19 a	151.73±5.60 a
体　高	139.75±3.63 a	131.33±3.51 a	130.03±3.03 a	137.33±1.76 a	130.77±3.44 a
胸　围	171.00±4.76 a	174.67±5.03 a	174.13±3.00 a	171.67±3.07 a	174.00±4.77 a
胸　深	67.50±1.47 a	69.17±3.75 a	69.30±3.77 a	67.33±0.53 a	67.61±1.71 a
坐骨端高	130.35±1.50 a	130.33±4.04 a	119.47±4.11 a	117.17±3.33 a	131.44±3.30 a
腰角宽	49.37±3.45 a	49.67±0.57 a	49.73±1.74 a	47.57±3.73 a	47.94±3.77 a
胸　宽	45.00±1.41 a	43.67±3.06 a	45.30±1.73 a	43.67±1.63 a	45.00±3.13 a
净肉率	49.75±0.96 a	47.67±1.53 a	49.33±1.54 a	46.73±1.94 a	49.33±0.73 a
腰　厚	5.77±1.93 ab	6.67±0.57 a	6.43±0.97 aA	5.35±0.69 bB	6.70±0.61 aA
肩　部	6.50±1.47 ab	7.00±0.50 a	6.67±0.94 a	5.67±0.75 B	6.73±0.55 a
耆　甲	5.75±1.94 ab	6.73±0.76 ab	6.57±1.37 ab	5.50±1.10 b	6.77±0.79 a
臀部外形	6.75±1.93 ab	6.73±0.76 aA	6.77±1.10 a	6.50±0.79 bB	6.90±0.67 aA
大腿肌	6.63±1.70 ab	7.00±0.50 a	6.63±1.39 a	5.75±0.73 bB	7.06±0.76 aA
体　重	470.7±37.1 a	501.7±16.6 a	495.7±36.6 a	473.7±39.4 a	501.3±35.0 a
日增重	1060.7±99.5 a	1137.9±17.3 a	1079.6±73.7 a	1051.9±63.0 a	1079.3±77.9 a
胴体重	357.6±31.7 ab	365.5±10.4 a	367.7±17.5 a	345.4±33.7 b	361.7±13.5 a
屠宰率	57.7±1.65 ab	57.5±0.76 a	57.3±1.46 aA	56.3±1.47 bB	57.9±1.93 a
净肉重	336.5±30.0 ab	340.3±10.9 a	334.1±15.7 a	314.6±30.9 bB	341.3±17.9 a
尻　长	47.7±1.73 ab	49.3±1.33 ab	49.1±1.57 ab	47.3±1.67 b	50.5±3.63 a

（二）讨 论

目前，研究牛肉用性能的生产指标普遍采用能够体现牛肌肉发育的肉牛线性体型评分中肌肉度评分性状，如肩部、臀部外形、大腿肌、腰厚、耆甲及尻形。Charlier 等（1995）在对比利时蓝牛的研究中发现，TGLA-44 与牛的双肌基因相连锁[47]。曹红鹤等（1999）证明在皮埃蒙特牛中也存在此基因[48]。Napolitano 等（1996）研究皮埃蒙特牛与契安娜杂种牛的生产性能与微卫星DNA 相关性，发现 IDVGA-46 及 IDVGA2 均与肉牛的体高、胸深及胸宽等性状显著相关[49]。曹红鹤等（1999）认为，这些评分性状是对肌肉度的直观评定，能较客观地说明肉牛的肌肉发育情况，在种公牛不能进行屠宰的情况下，可以利用线性体型评分方法对肉牛的肌肉发育情况进行评定，并证明 IDVGA46 中，含有等位基因 205 bp 的个体在腰厚方面有明显的优势，而等位基因 211 bp 与肩部发育呈负相关，该等位基因在皮埃蒙特牛中不存在[50]。金海国等采用肉牛线性体型评分方法对延边黄牛与利木赞肉用性状进行评定，研究了微卫星标记与延边黄牛肉用性状之间的关系[57]。

本研究采用了肉牛线性体型评分方法对 42 头育肥草原红牛及杂种牛肌肉度进行了评分，并屠宰进行产肉性能的实际测定，如测定了净肉重、屠宰率、胴体重及净肉率，从而对草原红牛的肉用性能进行了更加客观、准确的研究。同时对肉牛线性体型评分方法应用于肉用型草原红牛研究中的可行性进行了探讨。从结果看，两种方法所得出的结论基本一致，如位点 IDVGA46 中等位基因 D（211 bp）对 2 个肌肉度评分性状（肩部、大腿肌、）和 4 个屠宰肉用性状（胴体重、屠宰率、净肉重和净肉率）均有负面影响；IDVGA2 等位基因 C（209bp）对 4 个肌肉度评分性状肩部、腰厚、大腿肌、臀部外形有负面影响。在胴体重、屠宰率、净肉重和净肉率等屠宰肉用性状方面，基因型 AC 显著或极显著低于 BB、AB 及 EF，表明等位基因 C（209 bp）对牛的肉用性能有负面影响。但对少数位点两种评定方法所得出的结论却不尽相同，如 BM1824 等位基因 A（209bp）对腰厚这个评分性状有正效应，但未发现其对屠宰肉用性状的影响。说明二者之间还不能等同。因此，肉牛线性体型评分性状可以粗略作为评定乳肉兼用型品种草原红牛的生产性能，最为准确的方法应该采用传统屠宰肉用性状。由于统计方法和数据差异，统计结果也不相同，如在本实验中表明 IDVGA2 等位基因 C（209 bp）对牛的肉用性能有负面影响，但在杨国忠硕士论文中，IDVGA2 与所研究的 10 个体尺性状、6 个肌肉度线性评分性状以及体重和屠宰肉用性状各基因型间均无显著性差异（$P > 0.05$），因此此位点和以上 21 个性状无关[69]，这与本研究结果不一致，产生原因有待进一步分析，这可能与实验材料、研究方法等有关。

本研究分析了草原红牛群体生长发育、肌肉度线性评分以及屠宰肉用性能的 21 个生产性状与 3 个微卫星 DNA 的关系。结果表明：3 个微卫星标记对草原红牛及其利木赞改良牛群体某些生长发育和肉用性状存在正或负相关。它们分别是：微卫星位点 IDVGA46 不同基因型各性状均值差异显著性检验结果。在肩部、大腿肌 2 个肌肉度评分性状上，基因型 AD 极显著（$P < 0.01$），小于基因型 AA、BB 以及 AB，同时也小于基因型 EF；以上结果表明等位基因 D（211 bp）对 2 个肌肉度评分性状肩部、大腿肌有负相关。等位基因 B（205 bp）在腰厚方面有明显的优势。在胸深、坐骨端高等生长性状方面，基因型 BF 极显著高于 AA、BB 及 AB，表明等位基因 F（249 bp）对牛的生长性状有正相关。微卫星位点 BM1824 不同基因型各性状均值差异显著性检验结果。在腿围（体尺）性状上，基因型 DF 和 CE 相对于 AB 差异达到极显著水平（$P < 0.05$），表明等位基因 C（211 bp）对腿围性状有正相关；在净肉重性状上，基因型 CE 显著高于 AB（$P < 0.05$），且 CE 也高于 BB 和 DF（$P > 0.05$），表明等位基因 C（211 bp）对净肉重性状有正相关，表明等位基因 C（211 bp）对净肉率性状也具有正相关。微卫星位点 IDVGA2 不同基因型各性状均值差异显著性检验结果，在肩部、大腿肌、臀部外形 3 个肌肉度评分性状上，基因型 AC 极显著（$P < 0.01$）或显著（$P < 0.05$）小于基因型 AB、EF 以及 BB，同时也小于基因型 AA；对腰厚性状，基因型 AC 显著（$P < 0.05$）小于基因型 EF，同时也小于基因型 AA、AB 以及 BB，以上结果表明等位基因 C（209 bp）对 4 个肌肉度评分性状肩部、腰厚、大腿肌、臀部外形有负相关。在胴体重、屠宰率、净肉重和净肉率等屠宰肉用性状方面，基因型 AC 显

著或极显著低于 BB、AB 及 EF，表明等位基因 C（209 bp）对牛的肉用性能有负相关[69]。

五、结　语

通过以上分析表明：

（1）草原红牛与西门塔尔牛之间遗传距离最大，为 0.418 4；与蒙古牛之间遗传距离最小，为 0.278 6，与夏洛来牛、利木赞牛遗传距离分别是 0.305 9、0.389 2。故草原红牛先和蒙古牛聚为一类，再与夏洛来牛聚为一类，然后再与利木赞牛聚为一类，最后与西门塔尔牛聚为一类。

（2）引物 BM1824 在 MG 215 bp 和引物 IDVGA46 在 RSC 249 bp 各扩增出一条特异带，而其他品种牛没有的特异性条带。而后者特异带对牛的胸深、坐骨端高等生长性状有正面影响，为下一步研究打下坚实基础。

（3）在所采用的 8 对引物中，都能进行有效扩增，并产生所需的多态性条带。摸索了适合于动物基因组的 PCR 指纹技术的反应条件，确立了本次实验的最佳反应体系。草原红牛的多态性水平最高，为 0.658 23。引物 IDVGA2 在 8 对引物中的多态性水平最高，为 0.686 1，是最理想的微卫星引物。

（4）采用两种牛肉用性能评定方法即肌肉度线性评分和屠宰性状来研究微卫星标记与乳肉兼用品种草原红牛及其杂交改良群体生长发育及肉用性能的关系。采用 SPSS 统计软件中的一般线性模型（GLM）共分析了 3 个微卫星标记与 21 个生产性状的关系，结果发现 3 个微卫星标记对某些性状都存在正相关或负相关：① IDVGA46 等位基因 D（211 bp）对 3 个肌肉度评分性状肩部、腰厚、大腿肌有负相关；等位基因 B（205 bp）在腰厚方面有正相关。等位基因 F（249 bp）对牛的胸深、坐骨端高等生长性状有正相关；② BM1824 等位基因 C（211 bp）对腿围性状、净肉率和净肉重性状均有正相关；③ IDVGA2 等位基因 C（209 bp）对牛的肉用性能有负相关。

参考文献

[1] J 萨姆布鲁克，E F 佛里奇. 分子克隆实验指南第二版 [M]. 金冬燕，黎孟枫，等译. 北京: 北京科学出版社，1999: 188-197.

[2] Botstein D, White R L, Skolnick M H, *et al*. Construction of a genetic linkage map on men using restriction fragment length polymLorphismas [J]. Am.J.Hum.Genet, 1980（32）: 314-331.

[3] Valsangiacom, C. Baggi, F. GainV, *et al*. Use of amplified fragment length polymorphism in molwcular typing of Legionella pneum ophila and application to epidem ioloogical studies Clim [J]. Microbiol, 1995, 33: 1 717-1 719.

[4] Vos P, R. Hogers, M. Reijans, *et al*. AFLP: a new technique for DNA fingerprinting [J]. Nucleic Ackids Res, 1995, 23: 4 407-4 414.

[5] Zabeau M, Vos P. Selection restriction fragment amplification: a general method for DNA fingerprinting. European Patent Office, publication 0534 858 AL, 1993, 23: 19-24.

[6] 朱文进. 分子标记 AFLP 及其在遗传分析中应用 [J]. 动物科学与动物医学，2001，19（5）: 21-23.

[7] Welsh J, CcLELL. Fingerprinting genomes using PCR with arbitary primes [J]. Nucleic Acid Res, 1990（18）: 7 213-7 218.

[8] Lowe AJ. Plant Gentic Rentic Resource Newsl, 2003, 107: 50-54.

[9] Weber J L. Informaativeness of human polymorphism [J]. Genomice, 2004, 7: 524-530.

[10] Tautz D. Hypervatiability of simple sequences as a general source for polymorphic DNA marker [J]. Nuliic Acids Res, 2003, 17（16）: 6 463-6 467.

[11] 邹喻苹，葛颂，王晓东，等. 系统与进化植物学中的分子标记. 北京: 科学出版社，1999，13: 123-143.

[12] Steffen P, Eggen A, Dieta A B, *et al*. Isolation and mapping of poly

参考文献

morphic minisatellites in cattle [J]. Anim Genet, 1993, 24: 121-124.

[13] Ron M, Band M, Y anai A, *et al*. Mapping quantitative trait loci with DNA microsatellite in a commercial dairy cattle [J]. Anim Genet, 1994, 25: 259-264.

[14] Marklund S, Ellegren H, Eriksson S, *et al*. Parentage testing and linkage analysis in the horse using a set of highly polymorphic microsatellite [J]. Anim Genet, 2003, 25: 19-23.

[15] Ron M, Band M, Wyler A, *et al*. Unequivocal determination of sire allele origin for mutiallelic microsatellites when only the sire and progeny are genotyped [J]. Anim Genet, 2003, 24: 171-176.

[16] Usha A P, Simpson S P, Williams J L. Probability of random sire exclusion using microsatellite markers for parentage verification [J]. Anim Genet, 2001, 26: 155-161.

[17] Talbot J, Haigh J, Plante Y. A parentage evaluation test in North microsatellite of ovine and bovine origin [J]. Anim Genet, 2003, 27: 117-119.

[18] Glowataki Mullis M L, Gailard C, Wigger G, *et al*. microsatellite based parentage control in cattle [J]. Anim Genet, 1995, 26: 7-12.

[19] Diet A B, Womack J E, Swarbrick P A, *et al*. Assignment of five poly morphic ovine microsatellites tobovine syntenic groups [J]. Anim Genet, 1993, 24: 433-436.

[20] Hrabcova, J Kypr, Eriksson S, *et al*. Genomic occurrence of microsatellites containing integral and non-integral repeat numbers [J]. Biochem Biophys Res Commun, 2003, 300 (4): 824-31.

[21] Van Lith HA, Van Zutpthen LF. Characterization of rabbit DNA microsatillite extracted from the EMBL nucleotide sequence database [J]. Amim Genet. 1996, 27 (6): 387-95.

[22] Jeffrey A J. Hypervatiable minisatellite regions DNA [J]. Nature, 1985, 314: 67-73.

· 103 ·

[23] Gábor TÓth, Zoltán Gáspári, Jerzy Jurka, et al. Microsatillites in different eukaryotic genome: survey any analysis [J]. Gnome Research, 2000, 7: 967-981.

[24] Levinson G. Slipped-strand mispairing: a major mechanism for DNA sequence evolution [J]. Mol Biol Evol, 1997, 4 (3): 203-21.

[25] Gill P. Forensic application of DNA fingerprints [J]. Nature, 1985, 318: 577-579.

[26] Wetton J H, et al. Demographic study of a wild house sparrow population by DNA fingerprinting [J]. Nature, 1987, 327: 147-149.

[27] Kuhelin V. Assessment of inbreeding by DNA fingerprinting development of aa calibration curre using defined strains of chickens [J]. Genetics, 1990, 125: 161-165.

[28] Haberfeld A. Genetic distances estimated from DNA fingerprints in crosses of white polymoutb Rock chicken [J]. Animal Genetics. 1992, 23: 167-173.

[29] Wetton J H, et al. Demographic study of a wild house sparrow population by DNA fingerprinting [J]. Nature, 2003, 327: 147-149.

[30] Reeve H K. DNA fingerprinting reveals high of inbreeding in colonics of the eusocial naked mole-rat [J]. Proceedings of the Nation Academy of Sciences of the USA. 1990, 87: 2 496-2 500.

[31] Jeffreys A J. Individual-specific fingerprints of human DNA [J]. Nature, 1985, 316: 76-79.

[32] Ellegree H, Chowdhary B P, Johansson M, et al. A comprehensive map the genome reveals a low rate of genetic recombination [J]. Genetics, 1994, 137: 1 089-1 100.

[33] Schook L B, Alexander L. Maping the porcine genome. Pig News and information, 2002, 18: 53-56.

[34] 刘淑芳, 杜拉新. 基因图谱的构建及其在单位遗传育种中的应用 [J]. 黄牛杂志, 2000, 26 (1): 44-47.

[35] NeiM，TakezakiN．Estimationofgenetic distance and phylogetic trees from DNA analysis Proc [C]．5ᵗʰWord Congr．Genet，Canada，Appl．Livest．Prod，1994，21：405-411．

[36] MacHugh DE，RT Loftus，DG Bradley，*et al*．Microsatellite DNA variation within and among European Cattle breeds [J]．Proc．R．Soc．Lond．B．，1994，256：25-31．

[37] Higashiguchi T．Identification of inbred strains of rats by DNA fingerprinting using enhanced chemiluminescence [J]．Tranxplantation-Proceedings，1990，22（6）：2 564-2 565．

[38]Mac Hugh DE，RT Loftus，DG Bradley，*et al*．Microsatellite DNA variationwithin andamong European Cattlebreeds [J]．Proc．R．Soc．Loud．B．2000，256；25-31．

[39] Yamada T，Moralejo D，Tsuchiya K，*et al*．Matsumoto K．Biochemical polymorphisms in wild rats（Rattus norvegicus）captured in Oita city Japan．J Vet Med Sci，2001，55（4）：673-5．

[40] Peelman．Evalution of the genetic variability of 23 bovine microsatellite marbers in four belgian cattle breeds [J]．Animal Genetics，1998，29：161-167．

[41] Martin．Genetics diversity analysis of Spanish native cattle breeds using microsatellites [J]．Animal Genetics，1999，30：177-184．

[42] 曹红鹤，王雅春，陈幼春．五种微卫星DNA标记在肉牛群体中的研究[J]．中国农业科学，1999，32（1）：69-73．

[43] 孙少华，师守坤．DNA多态性与牛群体变异及杂种优势关系的研究进展[J]．草食动物，1999，3（11）：3-8．

[44] 王栋，曹红鹤，吴伟，等．微卫星标记对5个中外牛品种群体遗传结构的研究：第七次全国畜禽遗传结构研讨会论文集 [C]．2000，3：170-174．

[45] 吴伟，王栋，曹红鹤．微卫星DNA标记对5个中外黄牛品种/群体遗传结构的研究 [J]．吉林农业大学学报，2000，22（4）：5-10．

[46] Georges M．Maping quantitative trait loc for prolificacy and growth by growth

ploiting progenytesting [J]. Genetics, 1995（139）: 907-920.

[47]Charlier. The mh gene causing double muscling cattle map stobovine chromosome2 [J]. Mam Malian Genome, 1995, 6: 788-792.

[48] 曹红鹤, 王雅春, 陈幼春, 等. 五种微卫星 DNA 标记在肉牛群体中的研究 [J]. 中国农业科学, 1999, 32（1）: 78-82.

[49] Napolitano F. Explotationof microsatellitesas genetic markers of beef-performance traits in Pimontese Chianinacross bred cattle [J]. Breed Genet, 1996, 113: 157-162.

[50] 曹红鹤, 王雅春, 陈幼春. 探讨微卫星 DNA 作为皮埃蒙特牛和南阳牛杂交牛生长性状的遗传标记 [J]. 遗传学报, 1999, 26（6）: 621-626.

[51] Ashwell M S, Roxroad C E, Miller R H, *et al*. Mapping economic trait loci for somaticellin Holstein cattle using microsatellite markers and selecting geno typing Anim [J]. Genet, 1996, 27: 235-242.

[52] 徐宁迎. 德国奶牛奶用性状的 QTL 研究: 第十次全国动物遗传育种学术讨论会论文集 [C]. 1999, 12: 343-346.

[53] B. Baron, C Poirier, D Simon-Chazottes, *et al*. A new strategy useful for rapid identification of microsatellites from DNA libraries with large size insert. Nucl [J]. Acid Res, 2002, 20（14）: 2 665-2 669.

[54] Laurel V George, Alkami biosystems primer design tips [M]. In: AlkamiQuide for PCR: A Laboratoty refence for the Polymerase Chain Reaction. Alkami Biosystems, 1999: 19-21.

[55] 李瑞生. 微卫星在实验动物中检测研究 [D]. 长春: 解放军军需大学, 2001.

[56] Wetton J H. Demographic study of a wild house sparrow population by DNA fingerprinting [J]. Nature, 1987, 327: 147-149.

[57] 曹阳. 肉牛微卫星 DNA 的群体遗传变异分析及其与肉用性状关系的研究 [D]. 延边: 延边农业大学, 2003.

[58] Jongeneel CV. A polymorphic microsatellite in the tumor necrosis factor alpha promoter identifies an allele unique to the NZW mouse strain [J].

Experimental Medicine, 2003, 171（6）: 2 141-2 146.

[59]Beckmann J S. Agenom ic ciew of breeding Revista Brasideira de Reproducao . Animal Suplemeneato 1990, 2: 10-18.

[60] Lee M, Godshalk K, Lamkey K R, *et al*. Association of restriction fragment length polymorphisms among maize inbreeds with agronomic performance of their crosses [J]. Crop Sci, 2003, 29: 1 067-1 071.

[61] Melchinger A E, Lee M, Woodman W L, *et al*. Diversity and relationships among U.S Maize inbreds revealed by restriction fragment length polymorphisms [J]. Crop Sci, 2004（31）: 669-678.

[62] Pejic I, Ajmone-Marsan P, Morgant M, *et al*. Comparative analysis of genetic similarity aming maize inbres lines detected by RFLPs RAPDs SSRs and AFLPs [J]. Theor Appl Genet, 2004（97）: 1 248-1 255.

[63] 杨丽萍. 家兔 RAPD 分析体系的优化 [J]. 山东农业科学, 1999, 5: 15-17.

[64] 帅素容. PCR 反应中 Mg^{2+} 最适浓度的筛选: 第十次全国动物遗传育种学术讨论会论文集 [C]. 2000: 168-170.

[65] 俞渭江. 生物设计附试验 [M]. 北京: 农业出版社, 2003: 262-268.

[66] 朱玉峰. 家兔群体遗传变异的微卫星标记研究 [D]. 长春: 解放军军需大学, 2003.

[67] 徐迎宁, 傅衍, C Loft. 多重聚合酶链式反应筛选方法的研究 [J]. 畜牧兽医学报, 2001, 32（2）: 108-112.

[68] Van Zeveren A, Peelman L, Van de Weghe A, *et al*. A genetic study of four Belgian pig population by means of svevn microsatellite loci [J]. J Anim Breed Gent, 1995, 112（3）: 191-204.

[69] 杨国忠. 草原红牛群体遗传变异与肉用性能的微卫星标记研究 [D]. 长春: 解放军军需大学, 2004.

[70] 吴长庆, 于洪春, 张国良. 中国草原红牛品种资源现状及展望 [J]. 黄牛杂志, 2000, 26（6）.

[71] 胡成华, 草原红牛养殖技术 [J]. 现代农业科技, 2010（5）.

附录 1　主要试剂的配制

1. DNA 提取相关缓冲液的配制

抽提缓冲液：1M Tris-Hcl（pH 值 =8.0）1 mL，0.5M EDTA（pH 值 =0.8）20 mL，SDS 0.5 g，加水至 50 mL。

TE 缓冲液：1M Tris-Hcl（pH 值 =8.0）1 mL，0.5M EDTA（pH 值 =0.8）加水至 100 mL。

2. 电泳相关缓冲溶液的配制

50×TAE：Tris 碱 24.2 g，冰乙酸 5.71 mL，0.5M EDTA（pH 值 =8.0）10 mL，加水至 100 mL。

5×TBE：Tris 碱 54 g，0.5M EDTA（pH 值 =8.0）20 mL，硼酸 27.5 g，加水至 1 000 mL。

40% 丙烯酰胺：丙烯酰胺 38 g，N，N'－亚甲双丙烯酰胺 2 g，加水至 100 mL。

10% 过硫酸铵：过硫酸铵 1 g，加水至 10 mL。

10 mg/mL 硫代硫酸钠：硫代硫酸钠 1 g，加水至 100 mL。

变性加样缓冲液：98% 去离子甲酰胺，10mM EDTA（pH 值 =8.0）0.1% 二甲苯菁，0.1% 溴酚蓝。

3. 银染相关溶液的配制

固定液：冰乙酸 100 mL，加水至 1 000 mL。

银染溶液：硝酸银 1 g，甲醛（37%）1.5 mL，加水至 1 000 mL。

显色液：无水碳酸钠 30 g，10 mg/mL 硫代硫酸钠 200 μL，甲醛（37%）1.5 mL，加水至 1 000 mL。

终止液：同固定液。

4. Tris-HCl（pH 值 =8.0）

Tris 24.22 g，浓盐酸 10 mL，dd H_2O 160 mL，定容至 200 mL，高压消毒灭菌。

5. 0.5M EDTA（pH 值 =8.0）

EDTA 9.3 g，Dd 40 mL，OH 1.1 g，定容至 50 mL，高压消毒灭菌。

6. 抽提液

1M Tris-HCl 1 mL，0.5M EDTA 20 mL，RNA 酶 0.002 g，SDS 0.5 g，H_2O 100 mL。

7. TE（pH 值 =8.0）

1M Tris-HCl 21 mL，5M EDTA 0.5 mL，加水至 200 mL，高压消毒灭菌，初配时 pH 值＞ 8.0，用枪头触一下浓 HCL，再在 TE 中洗涤，pH 值即为 8.0。

8. 蛋白酶 K（20 mg/mL）

蛋白酶 K 20 mg，dd HO 1.0 mL。

9. 酚：氯仿：异戊醇（25∶24∶1）

酚 25 mL，氯仿 24 mL，异戊醇 1 mL 混匀用 Tris-HCl 覆盖，先吸取酚的上清保持液，再吸 1 m Tris-HCl，标准做法应是：应用 0.1M ＜ 100 mmol/lTris-HCl 覆盖。

10. （0.7%）琼脂糖 100 mL

琼脂糖 0.75 g，溴化乙锭 0.000 125 g。

11. 磷酸盐缓琮缓冲液（PBS）

$NaCl_4$ g，KCl 0.1 g，Na_2PO_4 0.12 g，依次溶解后用 HCl 调整 pH 值值至 7.4，定容至 500 mL，高压灭菌。

12. 6× 上样缓冲液

含 0.25% 溴酚蓝，0.25% 二甲苯氰，12% 聚蔗糖。

附录 2　中国草原红牛（执行标准 DB22/958–2002）

1　范围

本标准规定了中国草原红牛的术语和定义、品种特性、外貌特征、生产性能等级评定和良种登记。

本标准适用于中国草原红牛的品种鉴定和等级评定。

2　术语和定义

下列术语和定义适用于本标准。

2.1　产乳量（milk yiold，milk production）

指产乳母牛从产犊开始产乳到产乳结束这段时期内的产乳累计数量，用 kg 来表示。

2.2　乳脂量（milk fat yied）

指一个产乳期内鲜乳中脂肪累计总量，用 kg 来表示。

2.3　乳脂率（milk fat percentage，buttorfat percentage）

指鲜乳中的脂肪含量占鲜乳的百分比。

2.4　短期育肥（short feed）

指选择年龄不同的架子牛，经过短期（通常少于 6 个月）全价营养饲养，达到育肥牛出栏标准的一种育肥方法。

2.5　持续育肥（persistent feed）

指断奶后的小公牛直接转入育肥阶段，给以高水平营养饲料进行育肥，达到出栏时肉质好的一种育肥方法。

2.6　屠宰率（dressing percentage）

指屠宰后胴体重占宰前活重的百分比。

2.7　净肉率（meat percentage）

指胴体中净肉重与宰前活重的百分比。

2.8　胴体产肉率（careass meatny rate）

指屠宰后胴体所产净肉重与胴体重的百分比。

2.9　相对育种值（relative breeding value）

指某个公牛育种值与群体育种值的百分比。

3 品种特性（breed character）

中国草原红牛属肉乳（乳肉）兼用型品种。该品种牛性情温顺，对舍饲与放牧饲养有较强的适应性，对粗饲料消化利用能力强，具有良好的抗病力等特点. 该牛具有成熟早，生长发育快，育肥性能好，肉质细嫩，风味独特等特点；在放牧与合理补饲的条件下产奶量较高。

4 外貌特征（appearance characteristic）

4.1 体态特征（corporal characteristic）

体格中等，背腰平直，耆甲宽平，颈肩结合良好，胸宽且深，尻较宽平，四肢端正而结实，整体结构清秀而匀称，侧观略呈长方形；体质结实紧凑，骨骼较细致，肌肉附着良好。

4.2 被毛（hair coat）

全身被毛为枣红色或红色，少量牛腹股沟为浅黄色，部分牛腹下、阴囊部或乳房处有白色斑（点）；尾尖兼有白毛；鼻镜多为粉红色，兼有灰色、黑色. 公牛额头及颈间多有卷毛。

4.3 角型（horn type）

该牛多为倒八字型角。公牛角基部粗壮，较短；母牛角较细长。

4.4 母牛乳房（the udder of the cow）

母牛乳房发育良好，呈盆状，附着于腹股部，乳房不低垂。

5 体重、体尺（body weight、body sile）

成年牛体重、体尺见表1。

表1 成年牛体重、体尺

性　别	体重（kg）	体高（cm）	体长（cm）	胸围（cm）	管围（cm）
公牛 ≥	900～1 000	145	170	205	21
母牛 ≥	450～500	126	150	185	19

6 生产性能（production performance，productivity）

6.1 产奶性能（milking perfarmance）

6.1.1 产奶性能及乳脂量见表 2。

6.1.2 乳脂率：平均乳脂率 4.0% 以上。

6.2 产肉性能（meating performance）

6.2.1 短期育肥（short feed）。

30 月龄以前出栏的育肥牛体重 500 kg 以上，平均日增重 1 100 g，屠宰率 56%，净肉率 45%。

6.2.2 持续育肥（persustent feed）。

18 月龄出栏的公牛体重 500 kg 以上，育肥期日增重 1 000 g，屠宰率 58%，净肉率 47%。

6.2.3 中国草原红牛肉感观评价（sense evaluation of the stppe red cattle meat）。

该牛肉肌肉鲜红色，脂肪白色，肌间脂肪呈大理石状，肉质鲜嫩，香味浓醇，口感良好。

7 等级评定（grade assess meat）

7.1 产奶性能等级（milk permormahce grade）

产奶性能等级见表 2。

表 2　产奶性能等级

胎次 \ 项目	特 级		一 级		二 级		三 级	
	产乳量≥（kg）	乳脂量≥（kg）	产乳量≥（kg）	乳脂量≥（kg）	产乳量≥（kg）	乳脂量≥（kg）	产乳量≥（kg）	乳脂量≥（kg）
第一胎	3 100	124	2 800	112	2 500	100	2 200	88
第二胎	3 700	148	3 400	136	3 100	124	2 900	116
第三胎	4 200	168	3 900	156	3 700	148	3 500	450

7.2 体重等级（weight grade）

体重等级见表 3。

表 3　体重等级

性别	年龄（岁）	特级≥（kg）	一级≥（kg）	二级≥（kg）	三级≥（kg）
公	3	750	700	650	—
	4	850	800	750	—
	5	950	900	850	—
母	3.5	440	400	380	360
	4.5	480	440	420	400
	5.5	550	490	470	450

7.3　体质外貌（constiution ancl appearance）

7.3.1　体质外貌评分办法。

体质外貌实行百分制评定法。按七个项目评分，根据每个部位与生产性能的相关程度，分别订出不同标准分，评定时按个体状况与标准对比酌情给分，满分为 100 分，具体指标见表 4。

7.3.2　体质外貌鉴定时间

公牛在 3 岁、4 岁、5 岁各鉴定一次，母牛在前三产次的秋季体况（膘情）正常时进行。

7.3.3　体质外貌等级见表 5。

7.4　综合等级（syhthetical graole）

7.4.1　成年种公牛综合等级评定，以后裔鉴定结果为主.结合外貌、体重评定，其综合等级评定标准如下：

特级：相对育种值为 110% 以上，外貌、体重为特一级者。

一级：相对育种值为 105% 以上，外貌、体重为一级以上者，或有一项为二级者。

二级：相对育种值为 100% 以上，外貌、体重为二级以上者。

表4 外貌鉴定评分表

项 目	标 准	标准分公	标准分母
整体结构	品种特征明显，体质结实，结构匀称略呈长方型，肌肉丰满，被毛枣红色，公牛雄性特征明显	35	30
头 颈	头大小适中，头颈结合良好	10	5
前 躯	颈肩结合良好，耆甲宽平，胸宽深，肋开张，两侧丰满，	15	10
中 躯	母牛发达，公牛紧凑，背腰平直	10	10
后 躯	尻长、宽、平，大腿肌肉丰满，公牛睾丸大	15	15
乳 房	乳房发育良好，向前后伸展，附着紧凑，乳房大小适中，乳头分布均匀	—	20
四 肢	四肢结实，肢势端正，蹄形正，蹄质坚实	15	10
合 计		100	100

表5 体质外貌等级标准分

性别	特级	一级	二级	三级
公	85	80	75	70
母	80	75	70	65

7.4.2 公牛在其后裔结果未评出以前的综合等级评定，以血统等级为主（血统等级以父系为主，母系等级低于父系两级者，降低一级），结合本身外貌、体重评定，但不得评特级．其综合等级评定标准如下：

一级：三项均为一级者，或一项为特级，一项为二级者。

二级：三项为二级者，或一项为一级以上，一项为三级者。

7.4.3 成年母牛综合等级评定，其等级标准如下：

特级：产奶性能为特级，外貌、体重在一级以上者。

一级：产奶性能为一级，外貌、体重在二级以上者，或产奶性能为特一级，外貌、体重在三级以上者。

二级：产奶性能为二级，外貌、体重在三级以上者，或产奶性能为特一级，外貌、体重在三级以上者。

三级：产奶性能为三级，外貌、体重为三级以上者。

7.5 犊牛、育成牛综合等级指标（the synthetic grade target of the calt ancl the improved cow）

犊牛、育成牛综合等级评定，以血统为主，结合外貌、体重评定，血统等级评定，以父系等级为主，母系等级低于父系两级者降一级，低于三级者降两级。外貌、体重等级，按表6评定。

表 6 犊牛、育成牛综合等级

等级 \ 年龄 \ 性别	体重 kg						外 貌
	公			母			
	初生	6个月	18个月	初生	6个月	18个月	
一	33	180	400	31	160	320	生长发育良好，体形外貌良好，被毛枣红色或红色
二	31	160	380	29	140	300	生长发育较好，体形外貌良好，被毛枣红色或红色
三	29	140	360	27	120	280	生长发育正常，体形外貌无明显缺陷，被毛枣红色或红色

8 良种登记（fine breed registatcon）

8.1 登记范围（registatcin scope）

凡属特、一级牛，均进行登记；登记母牛所产的后裔均进行血统登记。

8.2 登记卡（registatim card）

草原红牛良种登记卡见附录 A。

附录 A 草原红牛良种登记卡

牛　　号			出生地			现在场		
牛　　号			毛色特征			出生日期		

血　　　统								
	名号		名号	等级	产奶量（kg）		名号	等级	产奶量（kg）

						父			
父	年龄（岁）	父				母			
	体重（kg）	母				父			
	相对育种值					母			
母	名号	父				父			
	年龄（岁）					母			
	胎次								
	产奶量（kg）	母				父			
	体重（kg）					母			
	等级								

综　合　评　定							
年龄	体重（kg）	等级	产奶量（kg）	等级	体形外貌（分）	等级	总评（分）

附录 3 英文缩写词表

英文缩写	英文全称	中文全称及注释
AFLP	Amplification Fragment Length Polymorphism	扩增片段长度多态性
RFLP	Restriction Fragment Length Polymorphism	限制性片段长度多态性
RAPD	Random Amplified Polymorphic DNA	随机扩增多态性 DNA
SSR	Simple Sequence Repeat	微卫星
SPSS	Statistical for Social Sciences	社会科学统计软件包
QTL	Quantitative Trait Locus	数量性状座位
PCR	Polymerase Chain Reaction	聚合酶链式反应
CH	Charladies	夏洛来牛
LM	Limousin	利木赞牛
SM	Simmental	西门塔尔牛
RSC	Red Steppe Cattle	草原红牛
MG	Mongolian Cattle	蒙古牛
PIC	Polymorphism Information Content	多态信息含量
GLM	General Liner Model	一般线性模型
H	Heterozygosity	杂合度
MAS	Marker Assisted selection	标记辅助选择
D	Genetic Distance	遗传距离
F	Similarity Index	相似系数
PAGE	Polyacrylamide Gels Electrophoresis	聚丙烯酰胺凝胶电泳
UPGMA	Unweighted Pair Group Method with Arithmetic Mean	平均非加权成组配对法